基于体验的产品族形象设计研究

张　昆　吴智慧　**著**
叶　敏　宗　威

U0324211

中国矿业大学出版社

内 容 提 要

本书从用户体验视角开展产品族形象设计研究,并进行设计实例应用分析。主要内容包括基于产品的用户体验与品牌体验解析、面向产品族形象的用户体验研究、基于体验的产品族形象设计框架模型研究和基于模糊 AHP 的产品族形象个性设计研究,并将产品族形象设计理论应用于"七彩人生"品牌的儿童家具设计。

本书适用于研究用户体验、服务设计、人机交互、人机界面设计、工业设计、新媒体艺术设计等学科的工作者和产品经理人等,可作为研究人员、教师、研究生的教材或参考书,也可以作为广大从事产品设计、软件开发、新媒体艺术设计的技术人员的培训教材或参考书。

图书在版编目(C I P)数据

基于体验的产品族形象设计研究 / 张昆等著. —徐州:中国矿业大学出版社,2018.12

ISBN 978-7-5646-4266-2

Ⅰ.①基… Ⅱ.①张… Ⅲ.①产品设计—研究 Ⅳ.①TB472

中国版本图书馆 CIP 数据核字(2018)第 281516 号

书　　名	基于体验的产品族形象设计研究
著　　者	张　昆　吴智慧　叶　敏　宗　威
责任编辑	史凤萍
出版发行	中国矿业大学出版社有限责任公司
	（江苏省徐州市解放南路　邮编 221008）
营销热线	(0516)83885307　83885105
出版服务	(0516)83884895　83884920
网　　址	http://www.cumtp.com　**E-mail**:cumtpvip@cumtp.com
印　　刷	江苏凤凰数码印务有限公司
开　　本	787×960　1/16　**印张** 12.75　**字数** 240 千字
版次印次	2018 年 12 月第 1 版　2018 年 12 月第 1 次印刷
定　　价	32.00 元

（图书出现印装质量问题,本社负责调换）

前　言

体验作为一种时尚词语越来越多地出现在各种媒体之上,从商业到社会人们都在不断地谈论体验,为什么?因为体验的核心在于情感,商业需要良好的用户情感关系,社会需要稳固的情感纽带。从设计视角,体验改变了产品的传统角色和竞争模式;产品在特定情景中作为道具而存在,产品设计不在囿于功能与形式问题,设计的焦点在于整合用户、品牌、市场与技术,通过良好的用户体验打造理想的产品形象。竞争的关键在于增强企业与用户的情感关系。

随着社会经济技术的发展,物质生活不断丰富,快节奏生活成为普遍,"慢品"成为一种享受,人们追求个性、彰显内涵,"个性化"产品的需求在不断增长。虽然,"3D"打印技术逐渐普及,但在相当长时间内"批量化"仍然是企业产品生产的主要方式,以"产品族"为基础的批量化定制成为企业满足"个性化"产品的良好对策。在设计及相关领域内,产品族研究主要集中在两个方面:一是从机械设计与制造为主的工程视角,围绕产品族的构成模块和产品平台,基于用户需求、功能、装配等开展优化研究;二是从设计学视角,围绕产品族的外观设计,进行产品族一致性造型元素的设计研究。然而,基于体验视角,开展产品族跨学科的研究相对较少。

我从2000年开始关注产品族及产品的情感化研究,并持续不断地开展设计探索。研究的重点由初始阶段的产品族模块优化到产品族的形式语言探讨,再到以形象为主体的产品族设计研究,期间不断结合日益丰富的"用户体验"和"品牌体验"设计理论。尤其是2007~2011年在南京林业大学攻读博士学位期间,本书的框架和主体内容已基本成形。从2011年博士毕业至今的7年时间,我与中国矿业大学工业设计研究团队的共同努力,对"体验"的研究逐步拓展和深入,在原有框架的基础上对研究内容作了进一步的丰富和完善,使得本书最终成稿。

本书基于体验视角,开展产品族形象设计研究。首先,以产品为媒介,探讨了用户体验和品牌体验;通过对产品族再定义,提出了产品族形象的构成模型、沟通模型、传播通道模型、静态线索与动态线索模型,构建了面向产品族形象的用户体验模型;通过对产品族形象设计的研究现状分析,提出产品族形象设计的问题、特征和原则,构建了产品族形象设计的理论框架;提出面向产品族的品牌形象个性特征模糊集构建方法和目标用户"触点"形象特征模糊集构建方法,建立面向产品族形象的典型事件集分析方法,构建基于模糊 AHP 的产品族形象个性特征研究方法和设计流程;提出基于模糊 AHP 的产品族形象特征平台表达方法,建立了基于典型事件集的产品族形象特征平台研究方法,构建了较为合理的产品族形象特征平台设计流程,并通过设计案例来证明方法的可行性和有效性。

本书的出版离不开我的博士导师吴智慧教授的精心指导和支持,从主体架构到定稿,每一步都凝聚了导师的辛劳;感谢我在中国矿业大学工业设计系的研究团队,每一次进步都离不开大家的共同努力;感谢中国矿业大学艺术与设计学院的领导和同事,你们的理解和宽容使我能够在繁忙的工作中抽出时间完成写作工作;感谢在设计案例研究中给予帮助和支持的中国矿业大学艺术与设计学院青年教师宁芳、王菊和硕士毕业生蒋海燕、张斌、刘艳霞、陈哲、李杰、吕培、杜铃林、曹明、左春华、万炜等,感谢参与调查研究的各位陌生朋友。

由于时间仓促,作者水平有限,书中难免有错误及不足之处,恳请专家、学者和广大读者批评指正。

张　昆

2018 年 5 月于中国矿业大学

目　录

1 绪 论

1.1 研究背景

《第三次浪潮》的作者托夫勒 1970 年预言未来的经济将从农业经济、工业经济、服务经济发展到体验经济。体验经济是服务经济之后又一种新的经济形式。自 20 世纪 80 年代以来,随着信息技术的飞速发展,全球经济一体化的进程在不断加速,资源与环境问题日益突出,社会的价值体系与人们的生活形态发生了巨大变化,就像服务曾经从商品中分离出来一样,体验从服务中分离出来,成为第四种经济提供物,代表一种已经存在的、先前并没有被清楚表达出来的经济产出类型。体验经济逐步显现在人们的视野之中,正如《哈佛商业评论》所言"继产品经济和服务经济之后,体验经济时代已经来临";"体验"正成为日益流行的"时尚"名词[1]。

体验经济就是指企业以服务为重心,以商品为素材,为消费者创造出值得回忆的感受。不同的经济发展阶段为人们提供不同的经济特征,体验经济的理想特征就是:消费是一个过程,消费者是这一过程的"产品",过程结束的时候记忆将长久保存对过程的"体验",对过程的回忆可以让体验者超越体验[2]。体验是消费过程,同时又是生产过程,其最大的特征就是"个性化",使得人们愿意为满足这种个性化体验支付更高的价格,"体验"成为一种有价值的经济提供物。

在传统经济中,用户的个性化体验要求被批量制造的产品标准化了,面对现实条件用户不得不降低对产品的期待标准。但随着社会的进步,满足被压抑的个性化体验需求逐渐成为可能,只有适时提供这种体验的企业才有可能在新的经济形态中胜出,由此导致了企业在产品战略、设计、制造、流通、营销与服务等各个领域发生了巨大的变革。企业竞争是企业文化的竞争、品牌情感的竞争,企业产品战略不再以短期效益为目标,而是转向于中长期的企业形象营造,侧重于用户与企业情感纽带的打造;网络技术的发展为用户参与的网上协同定制提供了可能性,用户不再纯粹是一个消费者,同时也是产品的创造者;大规模定制技术的发展为个性化产品的设计和制造奠定了基础,使得企业能够以批量生产的成本制造个性化定制的产品;第三方物流技术的发展改变了传统的产品流通和周转模式,使得产品点对点的传送成为可能;以感性诉求为主体的体验营销变得越来越普及,促销的重点由产品实体转向品牌形象的提升;产品服务更加突出了非物质性,强调人性化关怀[3-4]。其中,产品作为体验的道具,是企业与用户沟通的核心载体,承担着满足用户体验需求和增强品牌形象的双重任务。

不论是物质产品还是非物质产品,个性化产品的实现一直是企业面临的巨大挑战。企业最初通过产品模块化降低设计与制造成本,实现小批量、多样化的产品生产。模块就是产品系统中具有特定功能的通用独立单元,可通过特定的接口结构进行组合,可分为功能模块、技术模块和物理模块;模块化就是把产品作为系统进行模块的划分和组合。随着模块化由单一产品向同一类别的系列产品、跨类别的组合产品发展,就逐步形成了产品平台和产品族。从设计和制造的角度,产品族可以理解为共享通用平台的一组产品,通用平台又称产品平台,是一组产品所共享的结构、模块和接口[3]。索尼公司的"walkman"是历史上最早运用"产品族"策略获得成功的经典案例之一,在20世纪80年代长达10年的时间里,索尼公司仅仅使用8种型号的机芯,就推出了200余种型号的"walkman",占据了世界各地的主要细分市场,Volkswagen、Ford、Black & Deck、Rolls Royce也在同期使用产品族设计获得了良好的经济效益。通过产品平台的运用,产品族设计降低了产品开发费用与开发风险,缩短了产品开发时间,增加了产品种类,对分布式的网络协同设计与异地制造模式具有良好的适用性。鉴于其显著的优越性,产品族策略成为产品个性化定制的有效手段之一,产品族设计作为大规模定制的基础得到了越来越广泛的应用,成为设计与制造领域的研究热点。

但现阶段产品族的设计研究主要集中于以下几个方面:产品族规划与评价;网上定制平台与定制规则的研究;产品平台的建立和模块划分技术;产品族的信息建模技术;产品族的制造与装配技术;产品族的资源分配与供应链管理等。仅有少部分文献涉及产品族相关的用户、品牌及工业设计,而在新的经济形态中满足用户体验是企业活动的中心,相对于传统经济以产品的功能强大、外形美观及价格优势为诉求点,现在趋势则是从生活与情境出发,塑造感官体验及思维认同,以此抓住消费者的注意力,改变消费行为,并为产品找到新的生存价值与空间,以此来增强用户与企业的关系,提高品牌的认知度,塑造良好的企业形象。因此,有必要从体验的角度对产品族进行新的审视。

产品族作为体验的道具存在,而体验是用户的体验,从用户视角理解产品族,并建立基于体验的产品族概念是非常关键的,这必然会导致产品族的相关概念和设计理论的变革,但这并不否认现有的理论体系,企业是产品体验的制造者,用户是产品体验的消费者,二者相辅相成,从新的视角去研究问题是对现有理论的充实和发展。

体验是动态的、发展的,随着物联网时代来临和社会政治经济文化变迁,智能产品逐渐普及,用户追求不断变化,从以拥有物质资产为中心转向以文化象征为目标,拥有品牌产品不再是炫耀的资本,人们追求的不单纯是体验,而是有意义的产品体验[5]。企业提供给消费者的不仅仅是有形的产品和无形的服务,而是充满感性力量的体验,企业以产品为媒介,与消费者建立的是一种个性化的、值得记忆的联系,其中蕴含着品牌核心价值和品牌个性,没有面向一切用户的品牌,每一个品牌都体现着对目标市场和特定用户的理解,在产品与人的感官交互中展示品牌魅力。

用户体验是一个过程,是一种经历,在用户记忆中映射为一种印象,即产品族的形象。产品族形象是族内产品形象的综合,但并非是产品形象简单的叠加,产品族可以看作是特定时间段品牌和产品之间的中间体,在族内产品之间应体现"族"的共性,在产品族形象中"族"的信息应该是非常显著的,它是族成员之间的纽带。之所以从体验的角度研究产品族,就是因为"族"内产品之间具有体验的相似性、形象的一致性,使得用户容易从对"族"内单个产品的认可拓展到对整个产品族的认同,同时也可满足相似用户的个性化需求。产品族不同于品牌又区别于单个产品,有其自身的特性,在新的经济模式下产品族作为企业与用户纽带的作用进一步加强,如何营造良好的产品族形象以增强用户对品牌的情感认知,满足用户的体验需求已成为产品族研究的当务之急。

1.2 总 体 思 路

本书实体性产品构成的产品族为研究对象,不包含软件、游戏、界面等非物质产品;通过用户体验辨析,探讨产品族概念,阐明用户体验与产品族形象的作用机理,构建产品族形象设计的框架模型,并提出解决产品族形象设计关键问题的具体方法。

本书研究框架见图 1-1。

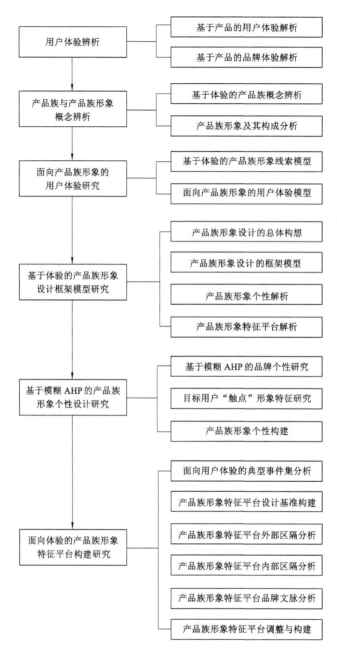

图 1-1　研究框架

本书研究思路与内容具体如下：

① 用户体验辨析：探讨"体验"的概念，以产品为对象解析用户体验和品牌体验。

② 面向产品族形象的用户体验研究：从体验视角对产品族与产品族形象的概念进行界定与解析，提出产品族形象的沟通模型和产品族形象线索的构成模型，构建面向产品族形象的用户体验模型。

③ 基于体验的产品族形象设计框架模型研究：基于产品形象与产品族形象的研究现状分析，提出产品族形象设计的主要问题、设计特征、设计原则及总体思路，构建面向体验的产品族形象设计框架模型，并对产品族形象个性及产品族形象特征平台进行理论解析。

④ 基于模糊 AHP 的产品族形象个性设计研究：以基于模糊 AHP 的品牌个性研究为基础，结合目标用户"触点"形象特征构建，提出基于模糊 AHP 的产品族形象个性设计方法，并通过实例分析说明方法的可行性。

⑤ 面向体验的产品族形象特征平台构建研究：以面向用户体验的典型事件集分析为基础，结合流行趋势分析，初步构建产品族形象特征平台；通过产品族形象特征平台的内部区隔与外部区隔校验，以品牌文脉的传承为约束，完成产品族形象特征平台的调整与构建，并通过实例分析说明方法的可行性。

2 基于产品的品牌体验与用户体验解析

2.1 体 验

"体验"在《现代汉语词典》中的解释为:通过实践来认识周围的事物;亲身经历。"体验"在《牛津英文字典》中的定义:从做、看或感觉事情当中,获得知识或技能;某事发生在你身上,并影响你的感觉;假使你经历某事,它会发生在你身上,或你会感觉到它。体验不同于经历,经历具有把握某种东西实在性的特征,是一种过去时。经历的结果是一种历史踪迹,是一种不具有在场性的连续性;而体验是一种主体连续在场,是一种进行时,具有直接性[6]。

"体验"在哲学领域是主体把握世界的一种互动方式。随着体验概念的发展,体验的主体性精神逐步凸现,体验是一种主体行为,是主体而不是客体在体验中起决定作用。体验具有较强烈的非理性因素,是对理性主义哲学惯用的逻辑思维方式的一种有力反抗。"体验"思考的是生活的意义和存在的真理,是以内在的心灵去体悟世界,体验本身就是目的,而不是像"理性"那样从逻辑的观点看世界,用思维去规定存在,进而去控制和改造存在,成为谋取某种外在目的的工具和手段[7]。在美学领域,体验是主体与作为审美对象的审美客体构成的一种已然的融人和超越的内在状态[6]。

从心理学角度理解,体验就是一种情感,是直接参与某项活动感受外界刺激所形成的个别化感受。根据刺激程度,体验可分为一般体验和高峰体验,一般体验是人的感觉器官对外部刺激做出反应,形成感官满足;高峰体验是感官体验升华的结果,是一种深刻的理解与领悟,是自我超越后的超然状态。Cs1ksZentmihalyi提出"flow"体验的概念,被广泛应用。"flow"体验是全身关注某项活动的完全状态,对其他事物视而不见;"flow"体验是自成目的,关注于体验行为,而不在于其他奖励;"flow"体验的产生是由个体的感知挑战与感知技能之间的匹配度决定的,即技能和挑战的平衡是"flow"体验的核心;"flow"体验是一种高峰体验[8]。

从经济学视点看,体验是一种独特的经济提供物,同其他商品一样具有功能性、价值性、交互性等基本特征,但体验以消费者作为价值创造的主体,以自身为目的,更加注重人们的个性化需求、期待、过程和难以磨灭的印象,具有个性化、层次性、延续性、动态性、互动性和主观性特征[9]。在管理学领域,体验是公司与消费者通过各种触点的互动,在过程中所产生的感知和情感反应。

ISO 9241-210 标准将用户体验定义为"人们对于针对使用或期望使用的产品、系统或者服务的认知印象和回应"。

虽然在不同领域,体验有不同的表述形式,但在本质上体验具有一致性。体验可以解释为通过实践来认识周围的事物,是人们意识中所产生的美好感觉或个别化感受。因此,体验具有名词和动词两个方面的含义。作为动词,体验是参与活动的行为和过程;作为名词,体验是指通过亲身体验所获得的一种感受和印象[10]。体验的对象、体验的过程和体验的环境是客观存在的物质实体,而体验主体本身具有实体的差异性和不同的体验目的性,在体验过程中具有不同的自主性和能动性。因此,体验是主观性和客观性的统一,体验是互动的、持续的和成长的,具有主观性、情景性和整体性特征[11]。

在体验的构成维度上,较有代表性的理论包括:

① 派恩二世和吉尔摩将体验划分为娱乐、教育、逃避现实和审美四个维度[1]。

② Josko 认为体验由五种不同类型模块构成,即感官模块、情感模块、智力模块、身体物理模块和智力模块构成[12]。

③ Hoolbrook 将体验划分为功利性体验和享乐体验,汇总了四种消费体验维度,即体验、娱乐、表现欲和传递愉悦[13]。

④ Schmitt 将体验分为感官模块、情感模块、思考模块、行动模块和关联模块[14]。

⑤ Lofman 将体验分为六个层面,即场景、感觉、思维、情感、行动和评价[15]。

⑥ 雷宏振与李丹的体验深度和广度模型[16]。

⑦ Anthinodors 将消费体验解构为意图、感知意义、个人历史与体验特征[13]。

体验导致体验价值,体验价值是一种新型的消费价值观,是体验过程中主体所体现出的价值判断。对体验价值的分析有助于对体验的理解,代表性的体验价值模型主要包括:外在价值和内在价值,自我导向价值与他人导向价值,主动的价值与被动的价值；功能性价值，社会性价值，情绪性价值，知识性价值和条件性价值；适用性价值，享乐性价值和象征性价值；外部价值，内部价值和系统价值；消费者投资报酬、服务优势、主动价值和被动价值等[17]。

2.2 基于产品的用户体验

体验的主体是人（消费者），人的体验是通过感官而进行的心理活动。人是生活在具体环境之中的，不仅在环境中体验感受，而且具有体验特殊环境的需求。道具（产品）作为人获得体验的载体和媒介，承载着满足人们心灵需要的创意和寄托，构成环境要素，而服务作为道具的延伸，为人的体验提供支撑。

（1）产品的愉悦性

用户的产品体验是多通道的，但是每种感觉在产品体验中的作用是不同的。不同的感官通道在不同的产品体验阶段发挥不同的作用。购买时，视觉起主要作用；短期阶段，认知与情感响应占主导地位；长期使用阶段，通道的重要性依赖于产品的功能特征和人机交互需求，通道的作用取决于完成特定任务的要求[18]。

人们面临的挑战是设计从产品的第一印象、拥有产品到处理产品的全过程中给用户以愉悦感[19-21]。Helander 和 Khalid 提出了五种愉悦形式：与身体和感官相关的生理性愉悦；与家庭、朋友、同事等社会交互相关的社会性愉悦；与思维愉悦相关的心理性愉悦；与知识和体验相关的反思性愉悦；与社会价值相关的规范性愉悦[22]。近几年来，比较有代表性的理论有 Jordan 的愉悦方法、Desmet 的鉴赏方法和 Norman 的过程—水平方法。Jordan 使用心理学愉悦框架解释产品愉悦的各种类型，Desmet 使用认知评价理论解释产品情感的过程，Norman 通过神经生物学情感框架区分信息处理的不同水平。Desmet 注重用户的关注与产品刺激特征的匹配，Jordan 强调关注类型的研究，Norman 则突出了不同刺激的特征。

（2）基于产品的情感

愉悦基于情感和认知的耦合，情感是产品与人们潜在需求相关联鉴定过程的结果。人的一种自然倾向是追求新奇感，新奇感属于欣赏情绪，具有情绪反映的启动意义；然后是从众意识，从众心理成为流行意识的高潮，在流行心态上经历了新奇感—模仿心理—从众心理—厌倦这样四个逻辑阶段[23]。用户情感可以用层次模型表示，第一层由正面和负面构成；第二层包括四个负面情感（愤怒、恐惧、悲伤和羞耻)和四个正面情感(满意、幸福、爱和自豪);第三层为基本情感,基本情感提供了用户感觉的详细信息[24]。Desmet 认为产品情感解释应该满足三种基本要求:反映产品情感中个体和时间的变化性;反映产品情感差异性的本质;应该澄清产品在情感产生机理中的角色[25]。导致用户情感反应的事件主要包括关注产品、产品使用中的事件、完整的使用流程、产品外部评述、用户和产品的关系变化,情感体验卷入了物理产品、用户或他人、用户或设计师的行为和先导事件[26-27],不同体验事件发生的顺序将直接影响到用户的产品体验[28]。情感体验、行动体验和关联体验(衍生体验)间接发挥作用,而交互体验、性能体验和感官体验(直接体验)会直接作用于用户忠诚,衍生体验的影响大于直接体验[29]。

（3）产品外观与体验

基于产品的静态与动态特征,产品情感源于两个方面:一是产品外观,二是产品的人机交互。基于马洛斯的需求模型,只要有可能,人们总是在普通功能上附加感官和情感的吸引力,美学已经成为每件产品的决定性因素[30]。美学和符号是影响产品选择的首要因素,产品外观扮演了六种不同的角色:美学沟通、符号、功能、人机信息、吸引注意力和分类,随着产品外观角色的不同,产品的外观特征(形态、色彩、尺度)而有所不同[31]。代表性研究包括:

① 为探索产品形状和情感响应的关系,Kun-An Hsiao 等以汽车、沙发、水壶为实验研究对象,提炼出与情感响应密切相关的四种显著性形状特征纬度:趋势因素、情感因素、复杂性因素和潜能因素[32]。

② Wen-chih Chang 等以家居产品为研究对象,通过深度访谈,获得 14 种形态特征,分为美学、生物学、文化、新颖和意识等五类愉悦形态,多数人倾向于美学和生物学形态。其中,高科技产品与美学形态的关联度较高,厨房用品与生物学形态的关联度较高[33]。

③ Pieter Desmet 等在汽车形象的情感分析中,运用情感卡通形象,发现不同价值观的人们对同一汽车模型具有不同类型的情感体验[34]。

④ Ming-Chuen Chuanga 等通过问卷调查,获得在微电子产品设计中五种期望形象:高科技、效率、便携、高贵、精美,通过语义差分、因子分析、多维坐标方法,获得了评价产品的知觉地图,并提炼了关键的形态要素[35]。

（4）产品人机交互与体验

随着用户体验的深入,人—产品交互的重要性凸显,较为集中的有两种研究方向:一是运动语义学,二是形态、功能和交互的整合。

① 运动语义学。

现有产品的动作大多是串行的、僵硬的、程式固定的,强迫用户将任务分解成零散的过程,失去了交互的娱乐性和和谐性,而人的运动是并行的、柔性的、可感知的、随情景发生变化的。身体的自然运动是由运动过程中持续感官信号的刺激而成,运动指向不是静态的空间位置,而是身体的相对位置[36]。在人与产品的交互中,不同的运动形成了多样的用户体验,较有代表性的研究包括:

A. 个性交互。人—产品物理交互具有个性特征,交互特征与体验品质具有相关性,如果交互达到了预期效果将形成良好的用户体验[37-39]。

B. "舞蹈"交互。交互的舞蹈学框架将产品形态、语义学、运动和交互融为一体[40]。通过运动整合了形态、功能和交互,探讨了产品设计中运动的个性和品质,将运动理解为交互的实现,运动本身不能表达情感,但人们通过产品静态和动态的响应形成情感体验,把设计看作是交互的"舞蹈"[41]。

C. 象征性交互。基于语义水平象征性交互(meaningful interaction,MI)是交互元素(人、物、范围)之间的交流对话过程;是三种元素之间行动整合,每一种元素都通过语义品质在用户认知行为中扮演主动角色;MI诠释了交互的符号特性,将价值象征赋予用户的生活;MI提出了交互中的四种语义价值:实际维度的实际语义价值和关键语义价值、情感维度的意识形态语义价值和情感语义价值,MI提供了一种在交互过程中揭示用户隐含表达的系统框架[42]。

D. 仪式性交互。通过人—产品交互的仪式性,功能性产品成为用户体验的一部分。通过在使用过程中形态、特征、美学品质和使用性叙述"故事"的方式,产品影响用户的情感响应和表现,产品成为体现用户操作象征性的一种工具,设计师设计的不再是物品而是情感范畴内象征性构成的体验[43]。

② 形态、功能与交互的融合研究。

通过功能、使用方式和符号象征性解释人—产品交互过程中的行为、运动和身体之间的相互关系。与功能相关的包括产品功能的可视性及心理学概念上的示能性;产品使用方式要符合已有的行为认知模式或者通过视觉特征传达产品的使用方式;在产品的象征性方面,通常使用拟人化手法理解产品的行为、运动、个性和情感[44]。在产品体验过程中,视觉图像和视觉联想有助于人们寻求类似的经历,操作是将视觉和触觉融为一体的主动性行为。在交互过程中,视觉和触觉持续进行信息更新,交互的物理反馈帮助人们确认产品功能,操作引发的物体运动持续传递信息,激发更多的语义联想。因此,运动不仅仅扮演功能确认的角色,而且是物体的灵魂,丰富了物体的象征性[45]。

随着技术的进步,在人机双向交互过程中产品的作用得到进一步提升,宁静技术和诱导性技术得到了广泛的关注,产品能够感受和响应人们的状态,隐性地改变人们的行为。所谓宁静技术是以不引人注意的方式获取用户需要的信息,诱导性技术是通过人机交互改变用户的行为和态度[46]。Fang-Wu Tungh 等探索了通过交互设计塑造期望生活方式行为的可能性,设计以隐性交互、美学反馈、情感响应为原则,基于技术和反馈以宁静和美学的方式创造人机交互[47]。

产品体验部分根植于人们与环境之间的身体交互,相类似的、重复的身体交互导致图像模式的构成,决定了人们理解世界的方式,这种交互是一种双向的交互方式,设计的物品特征在交互中体现出来,特征的显著性取决于在交互过程中的作用。图像模式是一种再现的、人们感知交互和动机程序的动态模式,构造了人们的一致性体验,形成了人们对语言或非语言表达的理解。Thomas 通过对椅子图片的实验研究,提出与产品体验高度相关的四种图像模式:容器图式、平衡图式、尺度图式和前后图式,探讨了图像模式的空间和物质显著性特征[48]。

（5）产品的用户体验模型

基于产品的用户体验模型主要有以下几种:

① 感觉—知觉—思考—行动—关联体验模型。

感觉是通过视觉、听觉、触觉、嗅觉和味觉创造用户的感官体验,实现产品和品牌的差异化,增加产品的附加值;知觉是用户的情感体验,与用户的内部感觉及情绪相关联,其目标是创造关于品牌强烈的情感体验;思考是用户的创造性体验,通过认知与解决问题突出用户的智力体验价值;行动是用户的物理体验,是与物理行为、生活方式、人际关系相关联的行为体验价值;关联是用户的社会形象体验,是与个人的自我实现相关的相关体验价值。用户体验与功能利益即使有些重叠,从本质上是互补的。功能利益满足用户的物质和物理需求;用户体验满足用户的心理和"Kansei"需求[49]。

② 产品视觉体验框架模型（VPE）。

VPE 是一种产品设计感知体验的研究模型,由产品自我呈现维度和象征性维度组成。自我呈现维度是体验的愉悦性,象征性维度是语义的释义性。这两种维度在感知上相互渗透,在现象学层次上不可分离,它们形成了三种模式,即感官、认知和情感,构成了产品的视觉体验。自我呈现维度包括印象模式、鉴赏模式和情感模式。印象模式是通过产品格式塔和产品特征设计元素或整体形态在不同产品之间感知和区分产品；鉴赏模式是同意形态的美学价值，认可产品视觉外观的设计元素、构成形式和结构的美学吸引力；情感模式是通过鉴赏激发的感觉体验。象征性维度由识别、理解和联想模式组成，识别是基于视觉参考语义的象征性感觉和辨别产品或设计元素；理解是通过产品或设计元素的视觉参考把握产品特性的本质和寓意；联想是将品牌和文化参考等社会—文化概念与产品或设计元素相关联，创造价值观念[50]。

③ 美学—象征性—情感体验框架。

产品体验由美学愉悦、象征性特征和情感响应部分构成，提出基于美学体验、象征性体验和情感体验的产品体验框架。美学体验是指产品愉悦人们感觉器官的能力，如美丽的形态、悦耳的声音、良好的触觉等；象征性体验是指通过知觉、记忆、联想等认知过程，产品的符号性特征或语意特征逐渐明晰，与特定的生活形态或文化相关联，体现为象征性的个性；情感体验是指在有意识或无意识状态下对产品相关性的认知结果，评价是产品和情感之间的桥梁，是人对刺激特征的评价，是产品的个性特征而不是产品本身打造了情感[51]。

④ 五层体验要素模型。

在体验设计中，Jesse James Garrett 提出了由底至上、由抽象到具象的五层模型：表面层、骨骼层、结构层、范围层和战略层。最抽象的是战略层，这是用户体验的基础，描述产品总体方向、市场中的位置、用户需求和商业目标；范围层为产品的特征集，包括两个独立的方面，即性能规格和需求内容；结构层是用户体验开始的地方，构造功能性，解决产品的信息结构；骨骼定义了如何进行体验，明确用户如何进行交互体验；表面层最具象，强调用户体验的感官元素[52]。

（6）产品体验常用研究方法和工具

体验设计中的常用方法包括观察法和访谈法，通过统计分析，获取用户体验要素与特征[53-54]。其他方法包括角色扮演法、联合创造设计体和故事主题法等[55]。运用人种志、情景建模、行为提炼趋势等方法解决了在评价创新产品和服务时用户的未来需求问题[56]；对多维坐标、语义差分、因子分析、层次分析等方法进行整合，对新产品的原型和理想产品进行对比，从而得到产品设计应该改进的语义维度[57]；通过在情感设计领域实施感性工学结构模型，构建并应用产品特性空间估量模型，增加了抽象情感的可视性和理解性，为在产品开发过程中，将情感价值融入产品设计提供了结构化支持[58]。

随着技术的进步和学科融合，体验的研究领域已逐步涉及各个行业，研究手段也从定性研究拓展到以眼动、肌电、脑电等生物信息测量的定量研究[59]。

2.3 基于产品的品牌体验

21世纪的经济特征是有意义的品牌体验。在20世纪80年代,人们追求品牌,品牌是表达个人形象的一种方式。这是用经济资本凸显自我的一种形式,成功的品牌战略是塑造合理的品牌形象;20世纪90年代是体验积累的年代,成功的品牌创造品牌体验,从消费物品到消费体验的转变是时间缺乏、快节奏生活方式的直接体现;现在,人们寻求有意义的品牌体验。品牌需要为用户创造产品体验机会,使得他们的生活充满意义[60]。

(1) 品牌体验

品牌体验是与品牌设计和品牌识别相关的品牌刺激导致用户主观的、内部的响应(感官、感觉与认知)和行为响应。不同品牌在体验强度、密度和显著性方面有所差别,品牌体验具有感官、情感、智力、行为和社会五个维度[61]。

追求有意义体验的市场需求带来了具有"颠覆式创新"的变化,所有的企业都在经历创新带来的变化,这种创新是与文化资本相关联的创新,改变了商业,改变了产品和服务的设计,以及与之相关联的体验。企业追求技术创新,不断推出改良产品,无论是低端用户还是高端用户都在追求产品性能的不断提高,大型企业倾向于采用技术延伸和改良策略。但是,到一定程度后,新的技术带来了新的文化资本,满足了人们有意义体验的要求,导致了"颠覆式创新"的产生,产品的路线发生了转折[62]。

品牌体验和产品体验是由组织内部的一部分人共同完成的,必然要经过内化过程,使得参与的每一个人都明确品牌是什么,对开发团队来讲,品牌应该是"品牌产品应该是什么的"一组理念、价值和范式。开发团队所做的不应该是定义品牌是什么或应该是什么,而是通过微妙的方式表达出来品牌可能是什么,塑造理想的品牌体验[63]。产品品牌领导力是由产品品牌实力和产品品牌地位共同构建的。消费者体验在产品品牌领导力的建设中发挥了重要作用。从消费者体验出发,通过差异性、适合性、尊敬性和信息性四个阶段,以及调查、建设和评估三个迭代循环过程,对一个具体品牌的产品品牌领导力进行建设[64]。

(2) 产品与品牌体验

不论是否清晰与成功,产品是品牌信念的实现者,是品牌价值的沟通者,产品是品牌体验的主要组成部分。任何品牌的目标都是通过产品获得信任感,取得正面的情感响应。案例分析表明,有力的品牌提升了产品或服务的认知水平,导致了对其有利的变化[65]。成功的品牌在于恰当的情感和信息交流,而不是美好的图画,品牌可视化是品牌有力的情感表达形式,是最有力的品牌差异化设计工具,传达内容应基于目标用户价值和交流的需要,其形式易于为目标用户个性化理解。要形成有力的品牌体验必须突出焦点,要传达所有的内容只能是一无所获,并且要跟踪设计的影响性、有效性及其变化性[66-68]。要打造品牌体验,须从消费者的生活形态来思考情感产品设计力;从人的本能性情感需求思考情感产品设计表现力;从产品线规划角度思考产品的竞争策略[69]。

品牌差异性的价值文化,是企业提升商业竞争力的关键,品牌体验的核心在于重视产品与消费者的关系,在于品牌个性的塑造,从而帮助设计师从全方位构建品牌体验[70-71]。忠诚是有效设计的基本结果,但用户忠诚并不能够单独由品牌体验一种程序来营造,它是市场、销售、产品开发与品牌体验共同作用的结果,品牌体验是一致性品牌战略的一部分,必须是公司全面商业规划的整体组成部分[72]。

2.4 本 章 小 结

从哲学、美学、心理学、经济学等不同视角解析了体验的概念,体验在本质上是动词和名词的统一、主观和客观的统一,具有主观性、情景性、整体性特征,并总结了代表性的体验维度构成模型。

产品不仅要满足用户体验要求,而且要形成有意义的品牌体验。在用户体验中,产品作为道具而存在;用户体验是多感官通道的,关键是在产品生命周期的不同阶段形成一致的愉悦性情感。符号和美学是体验的首要因素,众多学者运用多种方法对不同产品的形态、情感和形象关系进行了探讨;体验在本质上是一种人机交互,形态—功能—交互的整合和动态语义学成为人机交互的研究热点。最后,分析总结了用户产品体验的四种代表性模型和常用的研究方法及工具。人们在新的时代不仅追求品牌体验,而且寻求有意义的品牌体验,关键是基于品牌差异化的文化和品牌个性,结合用户需求和沟通方式,实现品牌可视化,品牌体验的构建是全方位的、是一致性品牌战略的结果。

3 基于产品族形象的用户体验研究

3.1 产品族与产品族形象

3.1.1 产品族与产品族平台

(1) 产品族

产品族可以认为是共享通用特征、元件和子系统的一组产品,以满足特定细分市场的需求[73]。产品族由一组相互关联的产品构成,单个产品称为产品变量。产品变量仍然保持自己独特的个性,满足特定细分市场部分用户的需求[74]。在不同的范畴,产品族具有不同概念:从市场营销的观点,产品族的功能结构展示了公司的产品线,突出了面向不同目标用户的不同功能特征,对应于不同的市场区段;从工程的视角,产品族体现了不同的产品技术和可制造性,在设计参数、零部件和装配结构等方面形成突出特征;从用户的角度,产品族存在于个性化产品的定制过程,有助于用户做出个性化选择,最终形成个性化定制的产品[75-76]。

产品族开发的根本目的是满足产品需求的多样化和个性化,面向不同的潜在用户提供不同的产品种类。产品种类是提供给市场的产品类型,可分为技术型和功能型,体现了不同的设计策略。功能型与用户的满意度关联较大,通过产品线、价格策略、产品定位等广泛研究,增加和突出投放市场的产品功能类型;技术型与可制造性和成本关联度较高,通过模块化设计、类型重构、延迟设计等一系列方法,减少不同产品中技术的种类,降低成本。Susan Walsh Sanderson 等认为市场和技术共同推动产品族的更新换代,分析了产品族的生命周期,提出以产品种类和变化率为坐标轴的产品和产品族竞争的整合式概念框架,以产品种类的变化为基础,提出静态发展型、更新换代型、品种竞争型、动态竞争型四种产品族类型,如图3-1所示[77]。

① 静态发展型:产品族构成品种单一,变化速度缓慢。消费需求较为稳定,

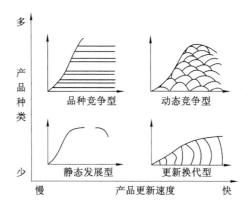

图 3-1　基于产品种类的产品族生命周期图[77]

产品市场成熟,企业追求规模经济。

② 更新换代型:产品族构成品种少、更新换代速度快;新产品作为占领市场的主要手段;企业追求规模经济,要求有较强的技术储备能力和产品快速开发能力。

③ 品种竞争型:产品族构成产品种类繁多,但技术更新速度慢。通过不同品种的产品组合来占领各个细分市场,要求企业采取小批量、多品种的柔性化生产经营策略。

④ 动态竞争型:产品族构成品种多、更新换代速度快,能够满足多元化、个性化的消费需求,市场竞争激烈,要求企业灵活多变。

产品种类的生成依托产品构架,以产品平台为基础,产品架构是功能映射到物理单元的产品布局和单元间的交互方式[78]。在开发流程中,产品构架定义通常在明确目标市场,确立产品族的技术路线和各产品的性能规格后,系统设计前。

产品构架分为模块化和整体式两种类型:

① 模块化构架:功能和物理元素之间存在一对一对应关系,元素之间的界面耦合度不强,当架构中一种元素发生变化时不会影响到其他元素。通常,模块化构架与产品升级、产品性能、可制造性和产品零部件成本等商业策略密切相关。

② 整体式构架:源于一个优化产品的固定式构架,是经典的设计方法。元素之间高度耦合,一种元素的变化会导致相关元素的改变,元素与功能及界面之间存在复杂的关系。

（2）产品平台

产品族的核心是产品平台，一个产品平台可以派生出一个或多个产品族。随着产品族研究的不断深入，可以从不同角度对产品平台进行定义，主要分为两种类型：

① 把产品平台看作是物理实体，即产品平台是由一组产品共享的一组子系统（如零部件、模块）、接口和制造过程，利用它能高效地创造和产生一系列派生产品[75]。

② 把产品平台定义为构建通用结构的一组子系统和界面，如产品平台是一组产品共享通用元素的集合，通用元素拥有相同的核心技术；产品平台是一组产品共享资产的集合，这些资产包括零部件、工艺、知识、人员与联系，等等[79]；产品平台是一组共享参数，产品成员的部分参数完全相同[80]。

从企业运作的整体出发，Sanchez 提出产品平台由具有战略目的和协调运作的模块化产品架构和流程架构组成，是用来实现特定商业目标和市场战略的特别柔性形式。产品架构定义了所必需的产品技术结构，即基于零部件的产品功能解构和作为技术系统的部件之间的界面设置。相类似，流程架构是基于供应链和制造过程功能活动的解构，定义了活动之间的交互界面。

Halman 等还提出了过程平台、用户平台、品牌平台和全球平台的概念。过程平台是易于制造产品族内不同类型产品的生产系统组合，包括了柔性设备、柔性供应链和特别的库存系统；用户平台是目标市场的用户分段，分段体现了企业产品满足用户需求的特色，是拓展相关市场分段的基础；品牌平台是品牌系统的核心，可以建立统一形象，感受品牌的核心价值；全球平台是全球供应产品的核心标准化内容，在全球平台的基础上，通过产品实体的变化以及价格、服务、定位、渠道的调整，实现产品定制化[81]。

总之，产品平台包括了适应于一组产品或产品持续升级的产品构架，具有核心性、派生性和战略性特点。核心性是指产品平台是产品族核心技术的体现，为不同产品构建提供公共基础；派生性是指以产品通用平台为基础，不断建立具有不同特征、功能、定位于不同细分市场的派生产品，其中标准化是获得平台交流的重要手段；战略性是指产品平台的开发以商业战略为指导，不同的市场目标，平台的架构就有所不同。

产品平台主要构成要素是模块化架构、界面和模块遵守的规则，具有通用性、模块化、适应性和健壮性特征。从平台结构上产品平台可分为模块平台、参数化平台和世代平台。模块平台通过现存模块的组合，形成变化；参数化平台通过变量取值的差异化,形成不同的产品系列;世代平台适用于更新换代较快的产品类别,通过关键模块的换代,形成技术更新[82]。虽然产品平台以模块为基础,但产品平台与产品模块有着本质区别,产品平台着眼于企业的整体商业目标,具有较长的生命周期,要考虑到产品族或产品的繁殖和延伸,要考虑到不同产品之间界面的通用性和扩展性,涉及企业的整体资源配置和技术储备;而产品模块往往只专注于个别产品,从自身结构和功能出发进行模块划分和界面设计,产品模块的开发速度相对较快,风险较小。

由于平台的生成技术和研究角度的差异性,模块的划分方式也有所不同[83]。主要包括:

① 产品平台分为技术模块和战略模块。技术模块是指一组产品共用的、可替换性的零部件及其接口。战略模块的参数变化由目标市场的战略要求确定,体现为一些可替换的零部件模块,进而形成产品功能或服务的差异性[81]。

② 产品平台由通用模块和差异化模块构成。通用模块指产品族共享功能、特征、结构等,差异化模块是产品族中系列产品差异化形成的基本因素[79]。

③ 产品平台是由一类产品中关键模块构成的核心架构和通用平台,关键模块是构成产品的核心零部件,体现了产品的关键技术,决定着产品的本质功能和性能。产品族还包括基础模块、附加模块和定制模块。基础模块是构成具有一般功能的完整产品所必备的零部件;附加模块是通常意义上的产品附件,由客户根据需要添加[84];定制模块是根据客户的特殊需求,专门制作而成[85]。

④ 产品平台是由组件、过程或接口等柔性元素组成的公共组织和系统,通过柔性元素参数值的调整,获得不同的产品族成员[86]。

产品平台设计方法主要有基于参数共享和基于功能分析两种类型[78],主要包括:

① 运用市场水平和垂直分段,辨别目标市场内用户需求和产品特征,进行产品功能分析;研究不同细分市场内的产品平台差异性;在用户视点、产品技术、制造过程和组织能力等不同维度内,进行通用性研究[87]。

② 分析产品规划,明确产品类型和目标用户;研究产品之间性能和特征的差异性;在标准化和差异性之间进行均衡,确定产品平台及其差异性模块和通用模块[88]。

③ 制作所有产品的功能表达;在产品架构中运用优化方法,确定可以满足每个产品功能性的模块构成,提炼每个产品设计。

④ 将相似功能成组为模块,用数学方程式区分每个功能模块的特征,探寻

全局共享变量、局部共享变量和非共享变量,运用设计参数－功能矩阵寻找矩阵中的功能模块[89]。

产品平台的评价指标主要包括产品平台的通用性、技术性、灵活性和经济性等,通常开发出不同的平台方案进行横向比较,主要研究工作包括:针对产品族的性能,以有效性和效率两种方法评价产品平台;以生成种类系数和耦合系数衡量产品平台的生成能力,用以评价产品族的架构;用市场效益和投资效益评价和选择产品平台;使用设计定制化系数和过程定制化系数评价定制化的成本效益;使用销量、价格、竞争产品选择等进行市场分段,评价和优化产品平台[79][90]。

(3)基于体验的产品族概念

在体验经济中,企业的提供物是体验,个性化的、不可复制的体验成为用户的消费品。作为体验道具的产品必然是定制的,在用户事件的特定场景中发挥作用,如果个人与产品的交互达到或超出了预期的结果,就会形成满意的用户体验。面对同一产品,人与人之间存在体验的差异性,但对一定范围的亚群体,由于价值观、自我追求、文化背景、生活形态等多方面的稳定性,人们追求的核心性体验特征是相同的;另一方面,核心性体验特征可以用特定的产品物化形式进行表达,这使得低成本的个性化生产成为可能。上述两点为面向体验的产品族定义奠定了基础。

在体验经济中,产品族就是在同一品牌下,共享通用平台,定位于相互关联市场的一组产品,用于满足特定市场的用户体验要求。所谓通用平台是指一组产品所共有的体验特征[91]。

在产品族定义中的体验具有动词和名词的双重含义。所谓动词,是指用户在与同一产品族内的产品交互时,具有类似的体验方式;所谓名词,是指用户在与同一产品族内的产品交互后,形成较为统一的脑海图像。

产品族不同于一般的产品,又有别于品牌。作为企业推向特定细分市场的一组产品,产品族既具有不同参数的一种类型的产品组合,用以满足目标市场中不同用户的个性化需求;也是同类别下不同品种的产品组合,满足同一用户多方面的体验要求;还可以是品种与参数的多样化组合。企业细分市场的划分表达了品牌对特定市场的理解,品牌是企业的烙印,是企业文化长期发展的积淀,在同一时间段品牌从不同的侧面运用多个产品族满足不同细分市场的需求,产品族是体验经济下某一时间段品牌的有形载体,是品牌最有力的发言人。

企业对于每一个产品族都会赋予一个名称,并有一组具象和抽象的产品族信息与特定群体的用户体验要求相匹配。正因为"族"的存在,产品之间存在共同的体验特征,便于"族"信息的传播,相对于单个产品而言,产品族信息传播的信度和效度都明显提高;但是,个别产品出现的问题有可能被放大,从而影响到整个产品族的用户体验。

基于体验的产品族概念与现有产品族定义有显著的区别,对于产品族的设计与开发产生了重要影响,主要体现在:

① 产品族开发背景的不同。在原有定义下,产品族开发是出于市场竞争的需求,利用产品平台以大批量生产的价格向市场提供小批量定制的产品,目的通过产品种类的增加和成本的降低占领市场;而在新的定义下,产品族开发是企业适应体验经济下产品角色的变迁,目的是通过用户体验打造用户与企业的情感纽带。

② 产品族开发焦点的不同。在原有定义下,产品族开发关注的中心是市场,焦点是企业内部产品族实体的生成机理和内部资源的优化;而在新的定义下,产品族开发关注的中心是用户,焦点是满意用户体验的品牌体验的营造。

③ 产品族开发影响因素的变迁。产品开发总体上是由社会—经济—文化的变化所推动,在原有定义下,产品族开发强调用户与产品之间的逻辑关系,突出用户对物质资产的理性追求;而在新的定义下,产品族开发强调用户的感官感受和主观印象,突出用户由物资资产追求向文化资产追求的转变。

④ 产品族开发物化成果重点的不同。在原有定义下,产品族开发物化成果的重点在于产品族物理平台的搭建,物化形式为具象的,即产品的通用模块和接口;而在新的定义下,产品族开发物化成果的重点在于产品族体验特征平台的构建,物化形式是抽象的,是用户核心体验特征集与品牌文脉传承及变异的融合。

⑤ 产品族开发评价标准的不同。在原有定义下,产品族开发的评价标准是客观的,是用产品的种类、市场占有率和企业收益等一系列中短期指标进行衡量;而在新的定义下,产品族的开发更侧重于中长期的效果,衡量的标准是良好的用户体验,以及对品牌形成的正面情感。

但是,面向体验的产品族定义并不否定和排斥原有的各种产品族定义,而是在新的经济形势和文化背景下,对原有概念的拓展,是对现有产品族设计与开发理论的补充与发展。新定义中的产品平台是指抽象的体验特征,要实现产品物化,必然要将体验特征映射到产品族的功能视图,并依据现有理论逐步实现由功能视图到技术视图、技术视图到结构视图的映射。

3.1.2　面向体验的产品族形象

由于缺少基于产品族形象的相关文献,首先采用较为相近的狭义产品形象进行分析,然后基于体验视角定义产品族形象。

(1) 产品形象

"形象"在《辞海》中被解释为形状、相貌及根据现实生活各种现象加以选择、综合所创造出来的具有一定思想内容和审美意义的具体、生动的图画。"形象"首先是指人、物的形状和相貌;其次,形象是通过感官刺激所形成的印象、观念与情感;最后,形象是具象与抽象的统一,也是物质与精神的统一[92]。

"形象"在英文文献中相对应的词语为"image"。国内有不少学者将"identity"等同于"image",实质上这两个词语在语义上存在一定的差异性。根据"Longman"当代英语词典,"identity"解释为"who or what a particular person or thing is","image"解释为"a picture formed in the mind"或"the general opinion about a person, organization, etc., that has been formed or intentionally created in people's mind."。"identity"强调识别性,说明事物是什么,是客观的;"image"是人们头脑中的印象,是主观的。品牌识别突出品牌想要传达什么,而品牌形象是人们的品牌感知,在大多数情况下"品牌识别"不会与"品牌形象"完全一致[93]。

近年来,国内对产品形象的研究相对较多,比较有代表性的定义主要有:

① 产品形象就是一种产品在人们心目中各种感知联想的集合;是产品个性和产品存在的状态、特性、本质等的可能并不准确的视听觉等的脑海图景;是人们对产品的各种看法、情感和期待[94]。

② 狭义的产品形象是指产品的综合外观,除产品自身因素外还包括产品主体相关的外围因素[95]。

③ 产品形象狭义上主要是指产品主体本身所呈现的形象[96]。

④ 产品形象是指社会公众对某产品整体性、全面性的认识与评价,是企业产品市场竞争力的集中综合反映[97]。

⑤ 产品整体形象是产品生命周期中统一的形象特质,是产品内在品质形象和产品外在视觉形象统一性的结果[98]。

从不同的视觉,产品形象有不同的构成形式,较为典型的有:

① 产品形象由理念识别层面和视觉识别层面构成[95-96]。

② 产品形象可分解为核心产品形象、形式产品形象以及附加产品形象三部

分,形成产品的综合形象空间[97]。

③ 产品形象由名称和形容词表达的客观理性描述以及形容词表达的主观感觉和联想构成,可分为规格、特征和情感三部分[99]。

④ 从知识表征视角,产品形象分为可感知产品特性形象、可见性产品功能形象、产品的行为剧本形象、产品消费群体形象、产品的生产历史形象和产品的技术保证形象[94]。

产品个性是产品形象形成的基础,人们在体验中通过产品个性期待、解释和交互。产品个性是一组协调的特征和属性,有助于理解和联想事物的高层次特征,应用于外观和行为,贯穿于不同的功能、条件和价值系统—美学、技术、伦理,为期望、解释和交互提供帮助[100]。产品个性特征由功能、美学、符号、性感、体验、思考六个维度构成,功能包括生理、归属和愉悦;美学包括形状、色彩和材质;符号包括原型、图形和隐喻;性感包括识别、感性和个性;体验包括认知、表达和情感;思考包括联想、关联和语意[101]。人们通过行为举止和表情变化确立人的个性,同样也可将产品个性特征应用于人机交互,通过交互实现预定的产品个性特征[37]。产品不同,特征的内容也不同,所使用的识别方法也不同,但对于同一类产品或者高相关度产品,则具有相似的识别方式。风格对用户的识别活动影响较大。当风格保持不变时,改变次要特征不会影响用户对产品的识别[102]。

产品是任何品牌和公司最重要的发言人,因此,成功企业交流的关键取决于通过产品形象或图像展示公司愿景和价值观的程度,要将"听众参与"牢记在心。要构建企业的产品形象策略,对公司的全面了解是产品开发的基础[103-104]。基于企业文化的产品形象构建一般要遵循一致性原则、差异性原则、相对稳定性原则、创新性原则和战略性原则[105-106]。

(2) 产品族形象

如果说在传统经济中企业成功的关键在于合理的产品、良好的服务和可信任的品牌,那么在体验经济中能否形成良好的用户体验和品牌体验是企业生存的基础,企业的提供物不止是有形的产品,而是通过产品所形成的无形的体验,体验的实质就是目标用户与产品族相互作用的过程和所形成的认知,用户通过体验所形成的产品族认知称为产品族形象。

产品族形象可分为广义和狭义两种概念。广义的产品族形象是产品族的各种信息在人们脑海中所形成的综合印象。狭义的产品族形象可以定义为:通过与产品实体的交互,产品族在人们心目中各种感知联想的集合;是产品族个性和产品族存在的状态、特性、本质等的并不准确的视听觉等在脑海的图景;是人们对产品族的各种看法、情感和期待[91]。本研究中所指的产品族形象均为狭义的产品族形象,与张春河(2007)中产品形象定义相类似。

产品族形象的形成过程就是通过体验产品族在人们头脑中的镜像过程,镜像就是客观事物在人们头脑中的主观反映,镜像的结果一方面取决于产品族客观信息的准确性和呈现方式的合理性;另一方面取决于目标用户的认知能力和行为能力。个体的动机与能力不同,产品族的镜像结果也不同,但只要存在产品族体验,就会产生新的产品族形象信息,因此产品族形象具有差异性和动态性特征,是主观与客观的统一。

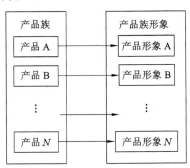

图 3-2　产品族与产品族形象关系图

如图 3-2 所示,产品族形象是产品族内各产品形象的综合,各产品形象之间应当体现"族"的特点。所谓"族"即"family",在社会学范畴内是指由血缘和姻亲为关系纽带的人群,会给人以某种共性的感觉,产品之间形象的融合即为产品族形象。当用户仅与产品族内的产品 A 交互时,产品形象 A 的形成是产品 A 与产品族信息共同作用的结果,同时形成了产品族形象,这时的产品族形象有可能就是产品 A 的形象。当用户再与产品族内产品 B 交互时,主观的产品族形象信息会对客观的产品族信息进行修正,产品族形象得到不断充实,族的形象和产品的形象开始分离,族的形象信息将有助于用户对族内其他产品的进一步体验。

(3)产品族形象构成

面向体验的产品族形象由核心理念层、个性特征层、核心体验特征层和非核心体验特征层构成,如图 3-3 所示。

核心理念层是产品族形象的核心,是用户感知产品族抽象的本质属性。核心理念取决于产品族形象设计的识别理念,是品牌核心价值和品牌个性在特定

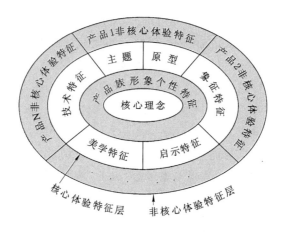

图 3-3 基于体验的产品族形象构成模型

细分市场的体现。为保持品牌形象的一致性,核心理念应该保持品牌文脉的延续性;为适应时代的发展,核心理念应为品牌增加新鲜血液。同一品牌的不同产品族应该保持核心理念"质"的一致性,但在构成要素上体现"量"的差异性。

个性特征层是产品族形象的基础,是用户感知的产品族个性特征,通常用一组拟人化词语表达,正是由于个性的存在人们才可以将事物区分。产品族形象个性不仅要体现品牌个性,而且要触动目标用户,做到形象鲜明。

核心体验特征层是用户体验的关键,由产品族形象的主题、原型、关键技术特征、美学特征、启示特征和象征特征组成,它们构成了产品族形象特征平台。产品族形象特征平台是产品族中产品体验所呈现主要特征的集合,是面向体验的产品族通用平台。

主题是产品族形象所呈现出的中心思想,即产品体验的意义,在核心体验特征层中起到统领作用,通常用文字表达,有时图文并茂。主题是核心理念的具体表现,一个理念可以由不同的主题进行表达,主题的选择是产品族形象系统设计的结果。

原型是主题化的素材,容易为用户感知,具有多种表现形式。原型应用于族中每个产品,通过感官系统形成一致的用户体验,体现"族"的特征,为避免使用的单调,原型在应用过程中可以置换和变形。

技术特征是用户对产品族关键技术特征的认知。在体验过程中,技术特征有时具化为产品族的表现特征,为用户直接感知;有时是无形的,对用户仅仅是一种心理暗示或者一种象征,但用户将依据产品族技术特征对产品族以某种期待。技术特征取决于产品族个性特征,但与族内产品的类别特征有较大的相关性。

美学特征是指在体验中用户对产品族愉悦感官能力的印象,是直觉的、感性的;能否愉悦用户的感觉器官是形成正面情感体验的起点。美学特征是全感官通道的,传统上人们一直非常重视第一印象,现在人们更加注重在产品族全生命周期内美学特征的体验。

启示特征是用户与产品族双向交互过程中对产品所呈现行为特征的印象集合。体验就是交互,通过互动所形成的特征通常会给用户留下持久而深刻的印象。人们越来越重视人机交互过程的感受,个性不仅体现于美学特征而且应用于启示特征;启示的内容与方式同样用来传达产品族形象的核心理念。

象征特征是作为道具的族内产品象征性特征的印象集合。通过知觉、记忆、联想等认知过程,符号性特征或语意特征逐渐明晰,与特定的生活形态或文化相关联,体现为象征性特征。人们寻求有意义的体验,就是追求以产品为道具特定事 件的意义,产品的象征性应有助于烘托环境气氛,体现特定场景的象征意义。

非核心体验特征层是族内产品非核心体验特征的集合。由于目标用户个体的差异或产品品种的不同,族内产品之间具有一定的差异性,表现为产品所具有非核心、个性化的技术特征、美学特征、启示特征和象征特征。正是由于非核心体验特征层的存在,形成了"族"内产品的灵活性和多样性,为产品的个性化体验奠定基础。

3.2　基于体验的产品族形象线索模型

线索即信息,产品族形象线索就是人们获取产品族形象的识别信息。产品族形象线索的本质就是产品族形象知识表征的类别特征,就是消费者在接触到产品族形象的某些线索特征时就会自然地联想到产品族、产品族的相关知识,并对其进行某种与线索相对应的知识心理表征[94]。产品族形象线索与产品族线索有本质的区别,产品族形象线索必须是消费者可以感知的;而产品族线索是产品族存在状态的所有内部和外部信息,既有普通人可以感知和理解的信息,也包括只有专业人员通过特殊渠道才能获取的信息。两者面向的对象、获取方式均有所不同,产品族信息涵盖了产品族形象信息,是产品族形象信息的基础,产品族形象信息是产品族信息的表现,通常两者存在一定的差异性,但必须保证产品族关键特征信息的有效解码。

产品族形象线索可以通过任务模式、体验模式及无意识模式获取,任务模式是为完成特定的任务而努力获取的产品族形象线索。体验模式是以探求产品族自身为目的而获取的产品族形象线索,无意识模式是在不经意间获取的产品族形象线索。在不同的模式下,获取线索的深度和广度都有所不同,可用产品族形象线索的信度和效度进行衡量。效度是指线索反映产品族形象的程度,信度是线索的可靠度。

要进行产品族的用户体验研究和形象设计,首先就必须明确产品族形象线索的内容和传播渠道,即建立产品族形象线索的构成模型和沟通模型。

3.2.1 产品族形象的沟通模型

产品族形象的沟通模型由企业、用户和沟通环境三部分组成,如图 3-4 所示。企业主要承担编码过程,用户起解码作用,特定的时空环境影响到产品族形象线索的效度与信度,关键点是设计团队打造的产品族识别特征与用户建立的产品族形象是否一致。沟通过程中的主要元素包括:源、平台、发射、接收、处理、结果和渠道。

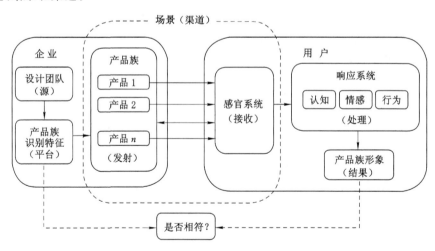

图 3-4 产品族形象的沟通模型

(1) 源——设计团队

设计团队是产品族形象识别的设计者,是产品族形象的起源。不同的设计师有着不同的阅历,对事物有不同的认识,体现着不同的设计个性和表现形式。

企业品牌有着独特的个性,针对特定市场有一定的文化品位要求,为充分展现设计师的能力,企业在选择设计师时就应有所考虑,在某种程度上可以说选择什么样的设计师就选择了什么样的设计结果[91]。设计团队中的每一位成员都应熟悉企业文化和品牌核心价值,把握好企业产品战略和内部产品层级结构,对目标群体个性文化圈的营造有充分认识,一个团结合作、高效、高能的设计团队是良好产品族形象建立的有力保证。

(2) 平台——产品族识别特征

产品族识别特征是产品族区别于其他产品族及产品的核心体现,是对产品族设计关键影响因素的内化,是产品族中所有产品的共性特征,形成了面向体验的产品族特征平台。平台的构建是产品族设计的关键问题,产品族特征平台对于族内产品设计具有指导和约束作用,产品族识别特征的用词要准确,概念要清晰、明确,便于实施,能否建立良好的产品族形象很大程度上取决于原始概念的质量。

(3) 发射——产品族

产品族是设计团队用设计语言表达的产品族识别特征,是企业能力的物化体现,是企业与用户沟通的桥梁,桥梁的作用体现在产品族作为信息源发射的各种符码。随着信息的快速传播与制造技术的提高,产品的质量与内在功能不再成为关注的重点,用户更多的是把产品作为一种文化资产。文化的内涵与象征性就取决于产品族所呈现的各种信息,之所以成为"族"就在于这种文化资产的共性信息。产品族信息传播的关键就在于信息的呈现特征及其相对统一性,充分体现"族"的特征。

(4) 接收——感官系统

用户通过感官系统接收产品族传递的信息,接收与发射是一枚硬币的两个面,相辅相成,缺一不可,感官系统的信息接收与处理能力是用户体验的基础,是用户构建产品族形象的起点。

(5) 处理——响应系统

响应系统是对感官系统获知信息的深层次处理机构,响应过程就是传递信息的解码过程,获得预期的用户响应是设计团队编码的初步目的[107]。

(6) 结果——产品族形象

产品族形象是企业与用户通过产品族进行交流的结果,是设计团队编码和用户解码的结果,是产品族承载信息在用户脑海中的镜像。理想的产品族形象特征应与产品族的识别特征相一致,形成较为深刻的"族"的形象。

（7）渠道——场景

场景是用户与产品交互的场所，直接影响到信息传播的有效性和可靠性。场景可分为物理性环境和社会性环境，物理性环境是指产品周围的设施、空间、气候等自然和人工物质系统，物理性环境直接影响到用户感觉器官的信息接收和处理能力，同时会引发用户的心理效应。社会性环境是指研究对象周围互相作用的人的集合及其关系，包含了各种社会关系和社会因素。由于地域、民族、社会的不同，导致了人们在意识形态、文化习俗、生活方式等多方面的差异性，产品作为在特定事件中人们使用的一种道具，必然要符合现场的环境氛围要求，是拥有者身份和品位的象征。

3.2.2 产品族形象线索的传播通道模型

产品族形象的传播信息由传播通道线索和感官通道线索组成，传播通道线索由情景知识型线索和身体体验型线索构成，感官通道线索由视觉线索、听觉线索、触觉线索、嗅觉线索、味觉线索和本体觉线索构成，如图3-5所示。

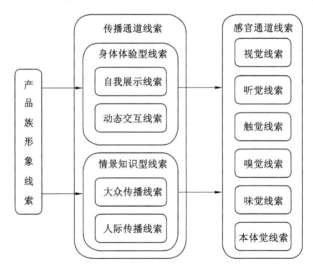

图 3-5　基于传播渠道的产品族形象线索构成模型

（1）情景知识型线索

情景知识型线索是消费者通过社会环境信息或社会互动信息形成的产品族认知特征，分为大众传播型线索和人际传播型线索[94]。情景知识型线索是人们通过口头传播及各种形式的展会、促销媒介和促销活动所获取的产品族信息,可能是人们有意识或无意识注意的结果,情景知识型线索的获取并不涉及人们与产品族的实体交互。

大众传播是一个过程,职业传播者利用媒介广泛、迅速、连续不断地发出信息,目的是使人数众多、成分复杂的受众分享传播者要表达的含义,并试图以各种方式影响他们。人们在这个过程中获得的产品族形象信息称为大众传播型线索。大众传播渠道是全方位的,无时不在的,由于信息来源的鱼龙混杂和人们对大众传播信息敏感性的降低,大众传播型线索的效度和信度都远不理想。

人际传播是通过某种人际关系运转起来的传播方式。相对而言,人际传播较大众传播更易于改变人们对产品族的态度,人际传播型线索的信度取决于信息发布人的权威性或人际关系的亲密程度,但人际传播型线索的效度却起伏较大。

(2)身体体验型线索

身体体验型线索是用户通过感官系统与族内产品实体进行信息交互所获得的认知特征,由自我展示线索和动态交互线索构成。身体体验型线索是产品族形象线索的主体部分。在产品族生命周期内,用户不断亲身体验,持续获取产品族信息,逐步建立了较为完整和相对稳定的产品族形象。

自我展示线索是指人们与族内产品实体交互过程中通过非物理性接触所获得的产品族信息。当人们有意识地观察产品时,更容易克服认知困难,寻求产品的内在线索;而当人们被动地接收产品信息时,更多的是与记忆中的线索相比较,只有出现较大的差异性,才会存在继续探索的可能性。

自我展示线索是产品族形象建立的起点,在产品族形象建立的前期阶段作用较大。良好的自我展示线索能够吸引人们的注意力,增加介入程度,提高体验概率。自我展示线索应借助于多种感官通道,除了增加产品实体自身的视觉吸引力外,应加强听觉和嗅觉线索的应用,注意动静结合。一种新的发展趋势是产品像生物体一样具有生命和智慧,随着时间和环境的变化,展示不同的自我形象。

动态交互线索是指人们与产品发生物理性接触时,通过交互过程所获取的产品族形象线索,可分为操作行为线索和动态反馈信息。操作行为线索的主体是人,是人在与产品交互过程中自身行为在脑海中的映射;动态反馈信息的主体是产品,是在人们实施操作后产品做出的反应,主要包括信息反馈的方式、反馈的位置和反馈的内容。

动态交互线索在产品族形象建立的前端权重较小,通常表现为工作人员的示范或人们的试用,获取有限的交互信息;随着进入体验的初期和中期,与产品交互时间的增长,与产品族内其他产品交互机会的增多,获取的动态交互线索趋于稳定,在产品族形象线索中的权重逐渐增加,并超越自我展示线索;在产品生命周期的后期,由于产品品质的下降,相应的负面线索会被放大,并削弱产品族的正面形象。

（3）感官通道线索

感官通道线索是人们通过自身的感觉器官直接获得的产品族信息,是生成产品族形象的素材,包括了与人们感官通道相对应的视觉线索、听觉线索、触觉线索、嗅觉线索、味觉线索和本体觉线索。

视觉线索由文字、标识和产品形态信息组成,文字和标识虽然依附于产品实体,但由于其自身传达了较为明确的信息,在分析中将其与产品形态分离。产品形态信息由产品形状、色彩、材质、细部处理组成,主要包括点线面的类型、组合形式与过渡方式;色彩的种类、面积及分布方式;产品的表面肌理与纹饰;细节的处理形式等。文字和标识信息主要是指符号、尺度、位置和图底对比。实际上各种视觉信息是相互影响、相互融合、不可分离的,人们更习惯于从总体上把握产品的视觉特征。外部物理环境对视觉线索的获取影响较大,特别是光线的方向、强度与色温。

触觉线索是人们与产品实体交互时通过接触、滑动、压觉等机械刺激获得的产品表面冷暖、糙滑、软硬与干湿的信息。触觉线索主要取决于材料的特性和表面处理工艺,如材料的硬度、热传导性、表面粗糙度等,环境温度、湿度等物理参数对于触觉线索的获取有较大影响,有时触觉信息可以转化为视觉信息形成视触觉。触觉线索虽然与产品的可用性有关,但更多的是激发用户的心理效应。

听觉线索是人们通过听觉器官获得的产品族信息。听觉线索的表现形式是响度、音调与音色。响度是人主观上感觉的声音大小,由"振幅"和人离声源的距离决定;音调是声音的高低(高音、低音),由频率决定;音色是声音的特性,由发声物体本身的材料和结构决定。听觉线索在变化上表现为节奏和韵律。听觉线索经常被人们用来评判产品的性能和内在质量,形成愉悦的情感反映。

嗅觉线索是人们通过长距离获得的产品挥发性化学刺激的信息。嗅觉线索主要取决于挥发性化学物质的种类和浓度[108]。只有达到一定的嗅觉阈值,才有可能感受到嗅觉信息,不同种类的挥发性物质混合在一起并不是简单地叠加,有可能产生新的气味。嗅觉线索不是产品族形象建立的必要因素,但随着人们环保意识的增强,它对人们的印象会产生显著影响,一些企业正在有意识地利用嗅觉线索强化产品形象。

味觉线索是人们通过味觉器官获得的产品刺激信息。味觉线索在获取方式上限制性较强,仅在有限的情景中可以获得产品的味觉信息。但嗅觉和味觉会整合和互相作用,来自多种气味受体的信息整合成每种气味所具有的"特征性的模式",使人们可以自由地感受到识别的气味。

本体觉线索是人们通过肌、腱、关节等获得的身体部位的位置、姿势、运动方向及身体平衡的相关信息。它是人与产品交互过程和交互结果在自身的深层次反应,利用位置觉、运动觉和震动觉调节躯干及四肢的肌张力和协调运动,以维持身体的平衡和姿势。随着人们对产品体验研究的深入,越来越关注人机交互的动态性特征,动态语义学和动态美学理论成为新的研究热点,本体觉线索的重要性日益凸显。

虽然,产品族传递着多种线索,人们接收到的是从不同的感官通道获取的信息,但是在人们脑海中并没有分解成各种感官线索的表现形式,如形态、标识、声音、气味、运动、平衡等,而是将同一感官通道内的不同线索信息、不同感官通道的线索信息有效地合并为统一的产品族形象线索,并对单一感官通道的信息产生反作用[109]。当我们进行产品族形象设计时就要考虑不同感官线索之间的相互作用,充分利用各种感官线索的特性,结合产品族的类别,优化整合,形成合理的产品族形象特征。

3.2.3　产品族形象的静态线索与动态线索模型

根据产品族实体的构成特征,产品族形象线索可分为静态线索和动态线索。产品族形象的静态线索就是不随时间变化的产品族实体特征,以视觉和触觉信息为主,由产品族内各产品共同的静态实体特征构成;产品族形象的动态线索就是随时间的变化而改变的产品族实体特征,指人—产品—环境之间的交互信息,以运动特性为主。动态线索与静态线索相辅相成,正是由于动静的对比,才突出和强化了产品族的某些构成特征;正是由于动静在抽象特征上的统一,才共同打造了产品族的"感觉"。但是,动态线索与静态线索具有不同的生成规律与表现特征,对其进行研究有助于深化对产品族形象构成的认识,有利于设计师的编码工作。

(1) 产品族形象的静态线索

产品族形象的静态线索可以看作是一个系统。任何一个系统均由元素、结构和功能构成,元素是系统的构成要素;结构是要素的组织形式;功能是期待的作用。静态线索系统的构成元素是构成产品族各产品的静态实体要素。

产品族形象的静态实体构成形式如图 3-6 所示,可将三维实体分解为形、表面、细部和装饰四个层次。形,第一层,是基本的、知觉的概念;表面,第二层,重点在于不同形之间的相互关系;细部,第三层,是面的细化;装饰,第四层,关注材料和色彩的特性[110]。

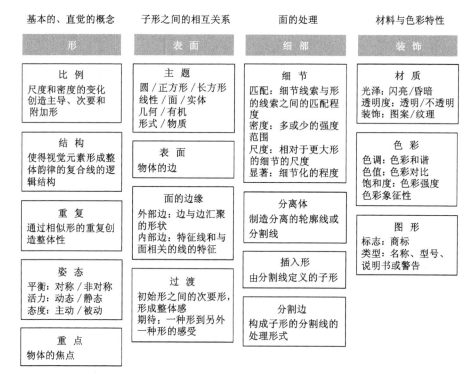

图 3-6　产品族形象的静态线索[110]

依据系统的观点,产品族形象的静态实体构成形式可进一步分解为元素层和结构层:

① 元素层是构成产品族形象的静态实体要素,分为形、过渡、色彩、材质、细节与装饰五部分。形包括不同形状的类型、数量和符号的联想性;过渡包括不同的空间类型和数量,连接关系的类型和数量;色彩包括色彩的种类、面积和色调;材质包括材料的类型、数量,表面处理的方式和特性;细节与装饰包括表面装饰、立体化装饰和局部点缀装饰等,以及面、线、角等细节处理的方式和数量。

② 结构层是产品族形象静态实体要素的组织形式,在满足产品可用性的前提下要符合形式美的一般规律,所遵循的主要构图法则有比例与尺度、统一与变化、韵律与节奏、均衡与稳定、模拟与仿生、错觉的运用等[111]。

通过一些元素层特征要素在族内不同产品间的一致应用,"族"的形象显性体现;通过某些结构层组织形式特征在族内不同产品间的一致应用,形成了一种隐性"族"的感觉。显性与隐性的有机结合构建了一致的产品族形象静态线索。

（2）产品族形象的动态线索

产品族形象的动态线索由在人—产品交互过程的使用者行为线索和产品族自身的行为线索组成。使用者的行为线索是指交互过程中使用者肢体的运动信息、位置信息和力感。产品族自身的行为线索包括随时间发生变化的产品实体构成要素信息（包括文字、符号、图标、图像等），以及产品发出的声音与气味（除食品外绝大部分产品较少涉及味觉信息）。

产品族形象的动态线索由内容、位置和动态特性组成。内容是与动态线索类型相关的变化元素,既可以是人或产品的局部构成要素,也可以是整体;位置是指在人—产品—环境系统中内容的相对位置;动态特性是分析的主要部分,主要包括内容的运动特征、自由度、强度、动态序列等。要形成良好的产品族形象必须在族内不同产品间保持关键内容呈现特征、关键位置特征和关键动态特征的一致性,并体现产品族形象个性。

运动特性如图 3-7 所示,主要包括路径、体量、方向和速率四部分内容。路径是物体移动的轨迹;体量是产品尺度变化时的空间范围和在使用过程中人所占据的空间;方向是物体运动的方向,上下、左右、远近等;速率是运动的速度、加速度与节奏。

自由度是运动的物理能力,即变化的范围。不同的动态元素具有不同的自由度,表现为不同的维度特征[41]。

强度是在特定时间维度上的数值,强度在数值上时是客观的,但在使用者的感知上具有较大的主观性。在常用力度的范围内,不同的使用者感知同一种力度,对于力的大小的印象具有较大的差异性。

动态序列是指与韵律和节拍相关联的事件发生的顺序。以时间为轴线,所有的动态线索按发生的次序分布,构成了动态交互过程,前者为后者提供"启示"。"启示"应符合使用者原有的体验,使得使用者可以预见将要发生的事件,并具有一定的象征作用。

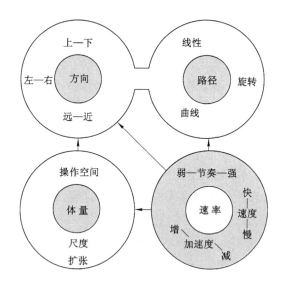

图 3-7　运动参数示意图[41]

人们依靠直觉从整体上把握动态特性,直觉来源于体验的累积,人们习惯于将复杂运动抽象为较简单的拟人化特征,将运动模式类比为生物体的运动类型。运动特征通常可分为有机运动、自由运动和机械运动。有机运动速度较慢,加速度变化平缓,运动轨迹圆滑,"启示"信息丰富,感觉自然、松弛;机械运动速度较快,加速度变化急剧,运动轨迹以规则几何形为主,"启示"信息直接,感觉生硬,给人以紧张感;自由运动介于两者之间,缺少"启示"信息,无法预期运动特征,但易于吸引人们的注意力。

3.3　面向产品族形象的用户体验模型

产品族形象是在用户与产品族实体的交互过程中逐渐建立的,是个体的、主观的,用户体验的过程就是不断丰富产品族形象的过程,贯穿于产品族的整个生命周期,并最终形成相对稳定的形象。

用户体验是在使用情景中人们对特定事件的理解,事件的发生基于人、产品和使用环境之间的交互,使用情景是人与产品交互过程中人—活动—环境之间的关系。在面向产品族形象的用户体验中,产品扮演道具的角色,服务于特定场景中的事件或主题,产品族形象和产品形象更多地取决于用户对整体过程的感受,而不仅仅是狭义地产品表现。

产品族体验可以定义为族内产品及其相关活动作用于使用者的全部效果，包括感受、激发的识别过程、认知联想、唤起的记忆和评价。产品族体验由产品体验积累而成，族内不同产品间的体验会因"族"的体验特征而相互影响。产品体验包括了人—产品交互的先导事件、人—产品交互、人—产品交互的后续事件。在交互过程中，人—产品交互是一种双向交互，产品的主动性在逐渐增加。人—产品交互是产品体验的核心，而事件或主题是用户体验的核心，是产品存在的基础，产品是在特定事件舞台上的道具，产品体验是用户体验不可缺少的组成部分。

产品体验不同于产品可用性。产品可用性关注使用者（技能和能力）与产品之间的关系，可用性的测量维度是效果（完成目标的程度）、效率（完成目标所用的时间）和满意度（完成目标付出的努力），产品可用性与产品体验一样都是人机交互的结果。产品可用性理论虽然是以用户为中心，但仅仅把产品作为满足人们认知和物理特征的工具，没有涉及人的情感问题，在此点上可以说是去人性化的，这是与产品体验的本质区别所在，但可用性是用户体验的源头之一。

产品体验区别于产品的愉悦性。产品体验是产品吸引和鼓励用户参与的约定性活动，超越了形式感、功能性和可用性，产品借助于用户感兴趣的事件或主题相关的类比和比喻激发用户体验。而产品的愉悦性源于更好的形式、可用性和功能性，基于视觉美学、效率和效益，但功能性和可用性并非心理愉悦的先决条件。

依据体验过程中的用户响应及其影响因素[112]，构建了面向产品族形象的用户体验模型，如图 3-8 所示。

3.3.1 感官系统

人们一直用身体和思想来感受和体验世界，感官通道共同作用接收外部世界的刺激信息。根据 Gibson 的知觉分类系统，产品的感官刺激包括视觉、听觉、触觉、嗅觉、味觉和本体觉，人们通过观察进行浏览和辨别，通过聆听信号进行交流，通过触觉进行认知，通过嗅觉和品尝激活记忆，通过定位评估身体的平衡状态。当人们探索外部世界的时候，所有的感觉器官都是活动的，它们共同创造了产品体验。然而，在所有的商业接触中，视觉占据了 83%，人们重视视觉文化，同时也易于带来视觉疲劳，在远距离上通过视觉获得产品的即时印象；嗅觉更易激发人们的情感，75% 的人类情感反应与气味相关联；听觉是仅次于视觉的感觉通道，有助于形成期盼，帮助人们体验和记住空间；触觉是个人的情感

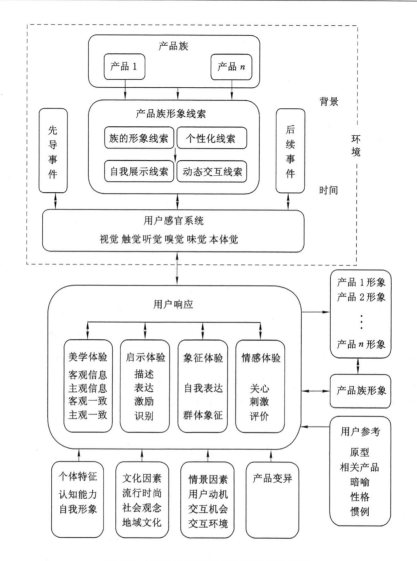

图 3-8　面向产品族形象的用户体验模型

交流通道,在人们的意识中停留的更长,不易于转换到其他感觉[113]。为了创造丰富和持久的用户体验,充分考虑产品不同使用阶段的人机交互,确定感官通道的利用形式和占主导地位的感官体验是非常重要的,多感官通道的用户体验信息模型如图 3-9 所示。

(1) 感官通道的权重

通常,感官体验的相对重要性由高到低是视觉、触觉、嗅觉、听觉和味觉。

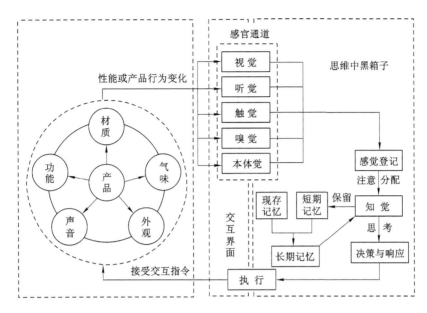

图 3-9　多感官通道的用户体验信息模型[114]

在获得产品详细信息方面,视觉和触觉是最成功的感觉通道,听觉的作用要少一些,嗅觉提供最少的详细信息,并且视觉和触觉易于获得先前事件清晰的记忆,激发相关产品和人的联想。然而,占主导地位的感觉通道随着产品种类的不同而有所不同;随着产品在执行特定任务的使用频率和感觉通道的相关性不同而有较大的区别;随着使用产品阶段的不同,而有所改变。

从纵向来看,用户的产品体验主要可分为购买、初步使用、短期使用和长期使用四个阶段,在不同的使用阶段,不同感觉通道的地位和作用而有所变化,随着时间的增加,产品的主要功能和人机交互对用户是重要的,从而决定了与之相匹配的感觉通道占据主导地位。在购买阶段,因为没有太多时间试用产品,视觉在短时间内获取大量的产品信息,是人们选购商品的主要依据,视觉占据主导地位,触觉次之,听觉第三,嗅觉和味觉在一般情况下几乎没有太多影响。初步使用产品后,产品视觉的吸引力有所降低,触觉在经常性的人—产品交互使用过程中变得越来越敏感,触觉的重要性在上升,而视觉的重要性比购买阶段有所降低,听觉有助于愉悦感觉器官、判别产品内在质量,其重要性有所增加。在进入短期使用阶段后,人们逐渐适应了人—产品之间的交互方式,出现了视觉审美疲劳,视觉、听觉、触觉之间的差异性不再显著,嗅觉的作用在逐渐降低,人们对产品形象线索的认可度决定了相匹配感觉通道的重要性。随着进入产品的长期使用阶段,产品的内在或外在质量和特征会产生某些变化,影响产品设计因素的外部环境也会发生变化,相应感觉通道的重要性也会随之变化,视觉、听觉或嗅觉的重要性可能再度上升[113][115]。

(2)多感官通道信息及其和谐性

虽然感官通道的重要性有所区别,但在用户进行产品体验时所有的感官通道都在发挥作用,寻求刺激信息,通道的形式与信息越丰富人们的体验就越充实,为人们选择通道信息提供了可能性。当某种感觉受阻碍时,其他感觉通道发挥更多的作用。当失去视觉时,人们接受的产品功能信息受到严重损害,完成任务的难度和时间增加了,甚至不可能完成某些简单的任务,但是体验的强度却增加了,人们更多地启用其他感觉通道。当听觉通道受阻时,自己熟悉的环境变得陌生了;当触觉通道受阻时,限制了功能性的人机交互,损害了交互体验的清晰性;当嗅觉和听觉通道受阻时,产品的情感体验可能受到损害[19]。

多感官通道信息的和谐性是指来源于不同感官通道的信息共同打造一致的用户体验。不同感官通道的信息从不同的侧面构建产品族的认知特征,有助于强化产品族的个性;根据格式塔心理学,用户面对众多刺激依据个人特性进行过滤、简化,丰富的感官通道信息为用户选择偏爱的形式提供了可能性,同时可以减少过度依赖某一感官通道所形成的审美疲劳,特别是当某一感官通道受阻时,用户可以从其他感官通道获得信息弥补缺失。在特定情况下,设计师也可利用多感官通道信息的矛盾性制造情趣化的用户体验,但要慎用。在现实世界的用户体验过程中,多感官通道仍然没有得到充分的利用,设计师应当明确每一种感官通道传递产品信息的内容与形式,系统地考虑感官通道的作用,以整合设计的形式改进用户体验。

(3)非设计性感官通道信息

非设计性感官通道信息是用户在体验中感受到的、不是主观设计的感官通道信息,包括了在产品制造、流通和使用过程中自然形成的产品感官通道信息和特定体验环境中的各种情景信息。

自然形成的产品感官通道信息是设计师没有意识到的,但在体验过程中出现的产品感官通道信息,可能来自于材料的选用和表面处理工艺问题、制造和装配工艺问题、流通过程中外部环境的侵蚀以及使用过程中的自然损耗等诸多方面,设计师在产品设计时要预见到此类感官通道信息的出现,并采取相应的处理措施,否则会对用户体验形成较大的负面影响。

无益的情景信息称为背景噪声。人们的感觉器官不停地从外部世界获取刺激信息,其中很大一部分是产品自身之外的环境信息,它们的一部分会干扰用户感官系统对产品信息的有效获取。设计师虽然无法控制环境信息,但可以预见通常的产品使用场景,采取合理的编码形式,降低干扰的有效程度。

3.3.2 用户响应

用户响应是用户与产品族交互中的用户体验。在设计和情感领域,体验源于哲学和心理学两方面的研究。哲学视点阐述概念突出相关性和整体性,Dewey认为体验是一种经历的过程,物体在情境中依据外界信息自我改变,达到主体与客体的和谐。心理学视角采用更加明确的方式进行定义,Desmet与Hekkert认为体验等同于情感,产品体验是由于人—产品交互引起的情感变化[34]。

在面向产品族形象的用户体验分析中,采用的是心理学视角,因为我们的研究目的就是通过产品族形象的塑造增强使用者对品牌的正面情感,形成良好的用户体验。在产品体验中人—产品交互导致了核心情感的变化,人—产品交互的结果可能源于错误的认知或想象。人—产品交互包括物理交互和非物理交互,物理交互包括工具性的交互和非工具性的交互,工具性交互是使用、操作或管理产品的交互行为,非工具性交互是不具有操作功能的交互行为,如抚摸、把玩等;非物理交互是指使用者意识中的交互行为,如想象、期待等。其中,族内产品人—产品交互特征的类似性对于用户体验至关重要。

用户体验是多方面的显著现象,包括主观感觉、行为反应、情感表达和生理反应。主观感觉是核心情感的显著变化,如愤怒、欣喜、激动等;行为反应是核心情感发生变化时人的行为,如执行、停止、犹豫、躲避等;情感表达是伴随情感体验的面部表情、语言表达和身体姿态,如悲伤、高兴、忧郁等;生理反应是伴随情感体验自主神经系统的变化,如瞳孔放大、出汗、呼吸急促等[116]。

如图3-10所示,Desmet将产品体验分为美学体验、象征性体验和情感体验三部分[51],其中象征性体验与产品使用的指示性线索相关联,易于产生误解,故引入Norman的产品"启示"概念,将Desmet的象征性体验分解为与人—产品交互线索相关的"启示体验"和与产品表达的其他语义相关的"象征体验",基于产品的用户体验由美学体验、启示体验、象征体验和情感体验等四部分组成。面向产品族形象的用户体验同样由以上四种体验构成,因为在任一特定时刻用户都是在与族内的特定产品交互,在产品体验的基础上所形成的用户响应包括产品族的体验特征和单个产品的个性化体验特征,通常情况下"族"的体验特征应占据主导地位。

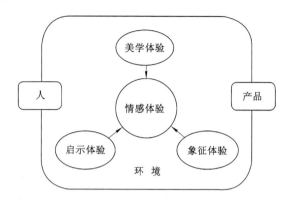

图 3-10　产品体验框架[51]

（1）美学体验

美学体验直接作用于用户感官系统的愉悦性，不涉及认知过程和情感响应。美学体验与 Norman 的本能水平和 Jordan 的生理愉悦相类似，本能水平是自动的预先设置层，由生物因素决定，没有卷入情感；生理愉悦源于感觉通道相关的感受，是感官愉悦性。美学体验取决于事件或物体愉悦感觉器官的能力，愉悦并不意味着美学体验过程中的快乐，警铃本身并非愉悦，但在提示"警示信号"方面是宜人的。Hekkert 将广义的美学用于感官感受，用进化心理学理论探讨美学体验："人们美学上期望环境模式或特征有益于感官功能或人的生存。"

长期以来人们习惯于将美学与视觉联系起来，普遍采用"格式塔"理论分析和构造产品的形式美感，强调视觉上的对称、重复、近似、连续、封闭等。随着情感和体验研究的深入，人们强调各种感官通道的作用，悦耳的声音、宜人的气息、赏心的味道、优美的运动是不同感官通道美感的体现，丰富和谐的多感官通道信息有助于提升人们的美学体验，人—产品交互中的动态美感在美学体验中的重要性日益凸显。

产品的美学愉悦性既取决于产品自身的客观品质，也取决于使用者的主观感受，源于产品的对比与和谐，可分为客观对比和主观对比、客观和谐和主观和谐。客观对比是产品与背景及设计元素之间对比信息；主观对比是在设计中感受到的新颖性；客观和谐是产品自身的设计秩序；主观和谐是使用者感受到产品线索的一致性。对比与和谐的均衡形成了良好的美学体验。

美学体验是形成产品族中"族"概念的直接方式,尤其在视觉元素的构成要素及其组合特征方面,是产生"族"印象的简捷、有效方式,但要注意一致性特征"度"的把握,形成产品族共性和产品个性的有机统一。

(2) 启示体验

知觉心理学家 J. J. Gibson 于 1997 年提出"affordance"的概念,认为启示是动物或人可以施加在客观世界中物体的一系列活动。启示是使用者感受到如何使用的产品信息,启示并非是固定属性,而是产品和使用者之间的关系,启示不是主动的,而是被动的,但却是可以做出响应的:它安静的存在,等待着使用者的行动。

启示体验是使用者依据启示实施行动所获得的体验。在人—产品交互过程中,产品提供启示—使用者操作—产品反馈,反馈作为启示进行新一轮的循环,使用者对启示进行评价,产生情感变化。

根据功能,启示可分为描述、表达、激励和识别。描述是产品通过外显形式表达意图、操作方式或使用方式,使用者通过描述可以推断产品的用途和交互方式;表达是产品展示的特征,使用者通过表达有助于理解产品的使用事项;激励是产品发出的感知要求,通过激励使用者明确将要采取的行动和操作的安全性;识别是产品的来源和归属信息,帮助使用者理解产品的类别[112]。

启示体验与 Norman 的行为水平和 Jordan 部分的心理愉悦相类似,行为水平是下意识的,取决于人们的使用经验,心理愉悦部分源自于根据产品启示人—产品交互顺利进行的成功感和满足感。启示要符合人的直觉特性,直觉是一种潜意识状态的认知过程,取决于已有相关产品的体验,启示体验依赖于人—产品之间的直觉交互。

在产品族中,启示体验的一致性非常关键。一致的产品族启示特征有利于用户在族内不同产品间的体验,易于形成易用、好用的印象,强化产品族的形象特征,有利于形成正面的情感体验。

(3) 象征体验

象征是产品表达自身以外的抽象含义,而启示是关于产品自身的。通过认知—理解—联想过程,人们了解并感受产品符号的象征意义,形成象征体验。在产品使用的文化—社会环境中,所有的产品都具有符号象征性,作为道具体现拥有者的自我形象和社会形象,人们之所以要求产品定制就是期望通过产品形成差异化的识别特征。

根据象征的对象,可分为自我象征和群体象征。在自我象征方面,产品体现了个人的独特个性,产品成为个人定义的工具,反映了个人的品位、追求和价值;在群体象征方面,产品是群体特征的一种表达,通过群体共同分享的产品符号表明群体的成员关系和社会地位。

产品族内的不同产品在自我象征方面可以存在一定的差异性,但在群体象征方面应该具有一致性,即体现"族"的象征性。

象征体验与 Norman 部分的反思水平和 Jordan 的社会愉悦及意识愉悦相类似,反思水平突出自我与文化相关性,社会愉悦源于产品直接参与社会交互所形成的愉悦性,意识愉悦源于个人价值与产品体现价值的匹配。象征要符合使用者的自我形象,包括实际自我形象、理想自我形象、社会自我形象和理想的社会自我形象,实际上使用者往往具有多样化的自我形象,在不同的使用情景使用者有不同的"应该自我形象",通常会选择与之相匹配的象征性产品,努力形成期待的产品象征体验。

(4) 情感体验

情感体验是指人—产品交互所引发的情感变化。产品引发的情感是一个高度复杂的过程,与产品体验的其他维度密切相关。Desmet 和 Hekkert 从产品情感认知和工具主义的视点提出了产品情感响应的基本模型,情感源于事件或产品的评价,情感并非来自于产品,而是来自于具有个人特征的刺激评价过程,产品情感的关键因素是刺激、关心和评价[34]。

刺激是指感知产品、操纵产品和产品的使用结果。关心是态度、标准和目标,态度是人们的意向偏好;标准是事件应该是什么的信念和约定;目标是人们期待的结果。刺激与关心相匹配形成了产品情感的九种源泉[25]。评价是基于个人的事件显著性的鉴定,不同的人用不同的方式评价同一种产品获得不同的情感体验。

面向产品族的用户情感体验应该是族内的每一种产品形成类似的情感体验,一种产品的情感体验会对族内其他产品产生直接影响,这也是"族"特征的一种体现。

美学体验、启示体验、象征体验是一种信息获取的过程,在特定的使用情境中感知外部世界,情感体验是通过感知评价获取的情感响应,即通过感知产生情感,情感又反作用于感知,四种体验虽然在概念上可以区分,但在实际体验中交织在一起。美学体验愉悦人的感官,不可避免地会产生厌恶、喜好等情感响应;正面的美学体验有助于识别产品启示,削弱人—产品交互时的挫折感或失败感,而交互的成就感会产生心理愉悦,提升感官愉悦的水平,由启示所表明的产品类别为象征体验奠定基础,产品象征性带来的自豪感会克服产品启示带来的困难。

3.3.3 用户参考

体验是用户通过感觉器官与外部世界交互,感知外部世界的过程。在探索、理解的过程中,用户必然要借用原有的体验、熟悉的事物、规则性的约定等进行认知、联想与行动,用户所借用的事件称为用户参考。通过用户参考,可以加深对"格式塔"形式法则的理解,察觉美学构成法则的变化趋势,在美学体验中加深对比与和谐的认识;通过用户参考,可以辨别和理解启示特征,易于明确产品类别;通过与相关事物的类比与联想,抽象的象征符号得到释义;用户参考有助于美学体验、启示体验和象征体验的进行,易于激发情感响应,况且用户参考自身就带有一定的情感性,具有心理暗示作用。

(1)原型

原型批评美学认为原型就是交流中反复出现的各种意向、叙事结构和事物类型等联想群,原型可以理解为"某一系列中假定最具有代表性典范",是具有一定可交流信息的素材,原型应该是文化原型、符号原型、手法原型和结构原型的有机结合[117]。原型既可能来源于客观的物质世界,如各种自然物品、人造物和生物,也可能产生于抽象的主观世界,如各种文学和艺术作品。原型最突出的特点在于其"典型性","典型性"的体现程度是能否成为用户参考的关键。用户使用原型参考进行产品分类,人们常说"产品要像一个产品"就是要保留产品的原型识别性。原型是设计师与用户沟通的桥梁,用户通过原型解析辨别产品的构成特征、交互线索和符号象征,且原型本身就具有一定的情感特性,设计师借助于原型的移情作用激发用户的情感响应。在产品族中,族内产品原型的一致性易于形成"族"的印象;但在族内不同产品间是否存在原型的差异性取决于产品族的个性特征,如果存在这种差异性,应使其在高一级的原型类别上具有统一性。

(2)相关产品

用户常使用相关产品作为体验过程中的"标杆"进行横向和纵向比较。横向比较是指与其他品牌的产品对比,不同品牌有不同的诉求特点,不同的产品有不同的主题和竞争需求,通过形式构成对比、功能设置对比、交互特征对比和符号象征性对比可以明确产品定位,突出自身的形象特征;纵向对比是指同一品牌下以时间为轴线的产品之间的对比,是遗传与变异的均衡,一方面产品要传承品牌文脉,使用所特有的设计符号和设计特征,使用户体验到品牌魅力,形成品牌归属感,另一方面产品要锐意创新,给人以眼前一亮的新鲜感,滥用流行元素会形成审美疲劳,导致心理厌倦。随着产品族理论的广泛应用,产品族将取代产品成为参照对象。

（3）隐喻

隐喻是在人们体验中唤起的产品与记忆之间的关系,是用与产品相似的某一事物叙说产品,可分为具象隐喻和抽象隐喻。具象隐喻是物理实体的隐喻,抽象隐喻是不包含任何物理实体的隐喻[118]。隐喻意义的产生是基于事物与产品的相似性,包括具象相似和心理相似,具象相似是构成和使用上的相似,心理相似是感觉上的相似。隐喻与明喻有显著的区别,虽然都是针对两个物体之间的比较,明喻是像或类似清晰、明确信号的比较,但隐喻解释了事物的逻辑关系,尽管有表面的差异性,但是也能够发现相似关系。通过与已有概念的类比,帮助用户理解产品新的概念,了解产品的使用方式,明确产品的功能,体会符号的内涵,增强用户的直觉体验。

（4）性格

人们具有将产品拟人化,赋予产品性格的倾向,但并不表明产品真正地具有这种性格,这只是一种人们理解产品的形式。当进行产品体验时人们试图从整体上把握产品,把产品作为具有性格的个体表明人们如何看待产品,如何与产品交互。性格是特征的整合,相关联的特征跨越外形、功能、交互、象征等领域构成了相对和谐的整体。与产品性格相类似,非功能性暗喻同样采用类比的方式说明产品的行为和交互方式,也有文献把产品性格作为非功能性暗喻的一种,但非功能性暗喻相比产品性格在描述产品方面更加笼统和模糊。与人的个性相类似,产品外观是推断产品性格的显著因素,人们常常据此推断产品的特性和行为,在某些情况下会出现错误的匹配,但人们会调整自己的判断与行为,使之与现实情况相符合。总之,性格是在产品体验过程中,期待、解释、交互的重要用户参考。产品族不仅具有"族"的性格特征,而且这种性格特征在族内每个产品中占据主导地位,在族内各产品间更易形成一致的用户体验。

（5）惯例

惯例是类似情况的重复使用形成了约定俗成的规则。在产品体验中,惯例可以说是在产品构成和使用中公认的一些定式或约定,主要包括人的生理特征的约定、心理特征的约定和行为特征的约定。生理特征的约定是指对人的生理特征的理解和适应,人的生理特征基本稳定有规律可循;心理特征的约定是指人的感官系统对类似的外界刺激有近似的心理反应,是与外部世界交互过程中长期认知的沉淀;行为特征的约定是指在特定的人—产品交互中所固有的行为规律,约定的形成以使用者在长期实践过程中所形成的操作经验为基础。在体验过程中,人们依靠约定感知、分析和理解,惯例是人们运用和理解符号的基础,掌握符号的约定含义可以更好地理解产品,更加自如地使用产品。但惯例的稳定是相对的,一些旧的约定会逐渐消失,一些新的约定会不断产生。在产品族中,族内产品与各自对应惯例的关系应该具有类似性,是产品族性格特征的一种具体体现。

3.3.4 其他用户体验影响因素

用户体验是一个人—产品的交互过程,包括了解—购买—初步使用—短期使用—长期使用—处理等产品生命周期中的一个或多个阶段,必然受到各种外部因素的影响,除用户参考外主要包括先导事件与后续事件、产品变异、个体特征、情景因素、文化因素等多种因素。

（1）先导事件与后续事件

产品作为道具服务于特定情境中的事件,人—产品交互是事件发生的有机组成部分,同时也可能包括事件的准备工作（先导事件）和事件的后续工作（后续事件）。先导事件是指人—产品交互之前人们感受到的变化,这种变化既可能是一种真实的变化,也可能是一种想象的变化。先导事件的主体是用户,但客体并不是产品,是主体为人—产品交互所做的准备工作。而后续事件是在人—产品交互完成后所做的善后工作,后续事件与产品本身并无直接关联。

产品体验是否包括先导事件与后续事件取决于产品的使用情景与功能设置,先导事件和后续事件是某些产品使用的必要环节,但要尽可能取消或简化此类事件。在以目标为导向的任务中,此类事件易于产生负面情感。

（2）产品变异

产品变异是指在人—产品交互过程中产品自身特征的异常性变化,产品变异不是人们所期待的,是由于外部或内部因素的影响所造成产品品质的退化。杰出产品会在体验中不断给用户以惊喜,不断有新的发现,这种变化是正向的、期待的,而产品变异是负面的、力求避免的。产品变异的程度与用户体验密切相关;美学品质的蜕变会减弱愉悦感觉器官的能力,如产品视觉品质的恶化、不和谐的声音、异常的气息等;产品变异可能导致产品功能的弱化、启示的有效性降低,致使人—产品交互的流畅性受到影响,不能顺利实现或达不到用户的预期目标,降低用户完成任务的成就感;产品变异可能导致产品的象征性符号失效,对拥有产品所导致的品位、自豪等象征性体验产生负面影响。可以说,不论产品变异的表现形式如何都导致了负面的情感响应。在产品族中,族内产品变异会形成一种心理暗示,间接影响到族内其他产品的用户体验,并且具有放大这种不良变异的倾向。

（3）个体特征

用户体验是个体特征的综合表现,用户性别、年龄、文化背景、生活经历、经济状况和社会角色等背景情况的不同导致了个体在认知能力和自我形象方面的差异性,即使面对同一产品不同个体也有不同的用户体验。

认知能力是用户选择、组织和理解外界刺激,形成对客观世界有意义和相互联系的反应的能力。首先体现在产品感受能力的差异上,不同个体感受产品刺激信号强度的生理能力有所区别,当超过一定阈值时会对用户体验造成较大影响;其次体现在产品信号的识别上,能否识别产品启示取决于个体已有的用户体验;再次体现在象征符号的理解和联想上,不同背景特征的个体对产品象征的期待也有所不同;最后,不同性情个体的情感响应方式和程度也有所区别。

自我形象是用户对自己的感知形象,用户通过产品或品牌保持、强化、改变或者延伸自我形象,不同的个体特征具有不同的自我形象,对产品信息有不同的选择和偏爱,从而造成用户体验的差异性。但对产品族而言,其目标群体个性特征的某些属性应该具有一致性,即这些属性对产品族形象特征具有敏感性,有助于形成类似的用户情感体验。

（4）情景因素

情景是对事件生动的描述,用户体验的多重特征可以被嵌入到情景中,用户体验的情景因素主要包括用户动机、交互机会与交互环境[119]。

动机是促使个体进行行动的驱动力,决定了使用者感知外部刺激时潜意识的选择性。强烈的动机促使用户寻求产品体验的机会,延长体验的时间,克服体验中的困难。机会是人—产品交互的可能性与时间性,而动机在一定程度上决定了交互机会。动机与机会一起导致了在交互情景中用户的介入程度。若时间紧促,即使有强烈的动机也表现为低介入度的体验,低介入度的体验是对产品表面粗略的了解,以美学体验和对部分显著性的象征符号的认知为主;高介入度体验表现为对产品细节的认知,人机交互的耐心体会和对语义象征的审慎辨析。

环境是人—产品交互的背景,可分为环境氛围和物理环境。环境氛围是人—产品交互时的气氛和情调,它能引起人回味、思索,唤起用户的共鸣。良好的环境氛围有助于激发用户的正面情感;合理的周围设施、恰当的空间尺度、宜人的微气候等物理环境为用户体验的顺利进行奠定物质基础。

(5)文化因素

任何产品沟通得以实现都体现出文化的作用,文化是社会经验的一部分,表现为一系列的信仰、价值和习俗,影响个体在某一特定情况下的反应方式。在产品体验中,文化因素主要包括流行意识、社会观念和地域文化。

流行是一种在较短时间内公众对产品某种形式和内容的特别偏好,流行意识是公众需要和兴趣的一种特殊表现形式。个体离不开群体,具有从众和模仿意识,用户在产品体验的内容与形式上必然受到流行意识的影响。

社会观念是社会群体在较长时间内相对稳定的观念,作为社会成员的个体不可避免地受到社会观念的影响和制约,潜在地规范自己的行为,约束自己的生活方式。产品作为用品其承载的信息反映着人们的生活观和价值观,只有与社会观念相匹配,才能在产品体验中实现用户的社会归属感。

地域文化的形成与地理环境、人种特征、生活方式等密不可分,形成了一个民族、一个地区群体根深蒂固的思维方式与审美习惯,不同地域的人们对产品的形式美感、使用方式和符号象征性有不同的要求,只有满足这种差异性的产品体验才能形成良好的用户体验。

3.4 面向产品族形象的用户体验实例分析

结合基于体验的产品族形象线索模型和面向产品族的用户体验模型,现以"2010年复制的力量国际设计展"中的3件参展作品为产品族,进行用户体验实例分析。

3.4.1 研究设计

(1)研究内容

基于本章构建的用户体验理论进行实例分析,主要内容包括:

① 产品族形象中"族"的特征要素研究。

② 基于体验的产品族形象线索模型分析:包括产品族形象线索的传播通道模型和产品族形象的静态线索与动态线索。

③ 面向产品族形象的用户体验模型分析:包括感官系统、用户响应、用户参

考和其他影响用户体验的因素。

（2）研究方法

我们采用问卷调查和深度访谈相结合的研究方法。

① 问卷调查：调查内容如附录1所示，采用开放式问题，主要包括产品族形象、用户响应、用户参考和用户形象调查。

② 深度访谈：鉴于问卷调查以开放式问题为主，答案可能较为分散，且深度和细致性有可能不足，采用深度访谈的形式进一步了解产品族的体验特征，探讨产品族形象线索模型，并对用户体验模型中的部分问题进行细化分析，访谈提纲与问卷相似，但更加细化。

（3）研究对象

用户选择采用非概率抽样中的判断抽样方法，选择中国矿业大学工业设计09级23名同学。

如图3-11所示，选用2010年复制的力量国际设计展中的3件参展作品作为产品族，开展用户体验研究。

1号椅

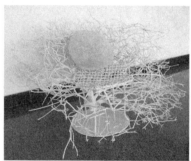
2号椅

3号椅

图 3-11　用户体验实例分析中的"复制的力量"产品族

3.4.2 方案实施

研究于 2010 年 5 月 26 日上午 8：30 分在中国矿业大学艺术楼 A306 教室实施，过程如下：

① 3 件椅子摆放于黑板前，发放问卷至每位参与调查人员。

② 讲解调查相关的基本概念和理论，说明主要调查问题和调查问卷填写要求。

③ 23 名参与调查人员体验 1 号椅、2 号椅和 3 号椅，并填写调查问卷。

④ 在 23 名同学中，随机选择 8 名进行深度访谈。

3.4.3 结果分析

通过问卷统计、归纳，结合深度访谈，以定性分析为主，进行面向产品族的用户体验研究。

(1)"复制的力量"产品族形象中"族"的体验分析

调查对象对 1 号椅、2 号椅、3 号椅的共同印象为树枝状为主体的艺术品。"族"的特征在外在形式上表现为"树枝"，"树枝"成为三把椅子的视觉中心；在材质上，均为金属骨架支撑，天然树枝为主体，辅之以棉布或绳；在"族"的总体感觉上为个性突出的"艺术品"，"艺术品"一般为个性化的视觉效果突出，但在可用性上较弱。问卷调查和深度访谈的结果表明三把椅子使用不舒适，但个性鲜明，静态信息和动态信息有一定的背离。

在"族"内的对比性方面，23 名调查对象中 19 名回答为 1 号椅和 3 号椅较为类似，主要因素为树枝状垂直靠背、装饰性特征突出。可以看出，在"族"的体验方面，视觉占据重要地位，有不可替代的作用。另一种解释的可能性为，产品使用方式较为简单，使得视觉占据了相对突出的地位。

(2)"复制的力量"产品族形象的传播通道线索分析

传播通道线索包括身体体验型线索和知识情景型线索。虽然在体验过程中，存在调查对象相互交流的问题，即有知识情景型线索的存在，但对调查结果影响较小，可以忽略，身体体验型线索的分析结果见表 3-1。

表 3-1　　　　面向"复制的力量"产品族形象的身体体验型线索分析

研究对象	自我展示线索	动态交互线索
1号椅形象	具备较典型椅子形象,整体呈骨架状、线构成,稳重而富有活力。椅背由枝形物构成,呈向上发散状,表面缠绕色彩丰富的线状物,装饰性强,成为产品视觉中心。底座呈鼓状虚空间,线形骨架,通透,稳重,左右两侧、上方和后方由本色草绳缠绕骨架形成线构成表面,鼓形上方构成椅面,鼓形前部直接显露为骨架,骨架由蓝、紫色系线状物缠线。扶手呈向上、侧上方伸展状,扶手外侧曲面与底座鼓形曲面浑然一体,呈 S 状,扶手内侧由低明度红色与草绳本色相间而成	椅子较想象中坚固,舒适感差。椅面较硬,感觉不舒适;椅背可靠,较僵硬;手臂可放置于扶手上,但扶手方位不合理,位置偏高,扶手在"坐"与"起"时可起到支撑作用;受到底座鼓形限制,小腿和脚的放置不够自然
2号椅形象	基本具备椅子特征,整体为白色,形态和谐,含蓄、内敛,个性突出。枝状物由底部一点向空间伸展、发散构成主体,看似杂乱,实则有序。在中心区,清理出上部和前部空间,水平编织状曲面构成椅面,靠垫暗示可倚靠,椅面通过骨架与底座相连,底座为椭圆状平面	椅面较硬,不舒适;背部可轻微倚靠,但有变形和异响;手臂放置不自然;小腿放置受到枝形体约束
3号椅形象	具备椅子特征,可坐、可靠,无扶手,椅子由对比性强、色相丰富的布条缠绕骨架构成,体现出较强的装饰性特征,开朗、活泼、热烈,椅背所占比例略大,形态丰富,成为视觉中心。椅背由形状类似的枝状物构成,枝状物由椅面生根向上方延展,整体为围合状、立体感强。椅面呈实体状,表面较平整;椅腿四只,前后左右各一只,椅腿高度较正常尺寸略短。椅背、椅面、椅腿之间过渡自然,浑然一体	椅子较坚固,舒适感差。椅背形似可"靠",但受枝状物影响,无法"靠";椅面较硬,感觉不舒适,手臂放置不自然。整体平衡感较差
产品族形象	具备椅子特征,可坐,有椅背,底部有支撑。造型较新颖,个性鲜明,艺术感强。形相似而自然伸展、方向多变的枝状物构成产品主体,并成为视觉中心,传达出不同的意向特征	骨架坚固,舒适感差。可坐,椅面较硬,不够平整;较不适于倚靠;手臂无合理位置放置;小腿放置受制约

(3)"复制的力量"产品族形象的静态线索与动态线索分析

相对于产品族形象的传播通道线索,产品族形象的静态线索与动态线索更倾向于产品族形象的构成要素剖析,具体见表 3-2。

表 3-2　　　面向"复制的力量"产品族形象的静态线索与动态线索分析

研究对象	1号椅形象	2号椅形象	3号椅形象	产品族形象
形的线索	椅背为主导形,扶手和底座为次要形,比例合理。左右扶手由上延伸至底部,呈现节奏显著的线构成,椅背由椅面向空间枝形发射装伸展,富有韵律感。椅子整体左右对称,背部和扶手向空间伸展,主动性突出,富有活力,椅背成为产品焦点	主导形为线状物构成的椭圆体虚空间,次要形为椅面与底座,附加形为椅面与底座之间的树枝形支撑物。局部无序的枝状物通过交织、穿插形成了有序的整体感。整体不对称,但动中有静,主导形成视觉焦点	发散状椅背为主导形,椅面为次要形,椅腿为辅助形。椅背由椅面向空间枝形发射装伸展,立体感强,富有韵律感。整体对称,向空间的立体伸展性强,主动性突出,富有活力,椅背形成产品焦点	枝状物构成产品主导形,富于韵律和变化,为产品视觉焦点。产品动静相间,主动性强,有活力
表面的线索	有机曲面,线构成,虚实相间。扶手曲面与底座曲面边缘清晰,过渡自然,融为一体。椅背曲面与扶手曲面、底座曲面构成半开放空间,形成产品类别特征	主体没有形成实体曲面,边缘不清晰,枝状体轮廓线汇聚于底部。椅面为微凸状、椭圆边缘镂空曲面,与枝状体过渡和谐。底座为规则椭圆形平面,与椅面相呼应	椅背为枝状物构成不规则扇形空间虚曲面,椅面为有机形实体曲面,椅腿表面为柱状曲面。曲面边缘模糊,椅面与枝状物和椅腿过渡自然、和谐	枝状物构成空间虚曲面。椅面为较规则曲面,边缘较清晰,椅面与椅背分界线较显著。曲面间过渡较和谐
细部的线索	底座前面的线性分割,减少了体量,较为通透,与椅背相呼应。实体曲面的线构成富有韵律,扶手曲线延伸至底座下方,整体感较强。椅背枝形体的方向与色彩装饰在统一中富有变化	枝条的穿插有密有疏富于变化,枝条末端在空间形成了较规则的虚状轮廓线。椅面边缘清晰,内部分割尺度合理,过渡自然。实体状底座简洁明了,突出产品主体	枝状物形状相似,空间伸展方向变化多,但总体是向外的发射状,椅面和腿部采用同类布条包裹,整体性强,与椅背相呼应。各部分轮廓线过渡自然、和谐	形相似的枝状物由中心向外呈发射状,富于变化,协调统一。通过色彩或材质形成不同曲面间的呼应。有机形轮廓线过渡平缓、自然

研究对象	1号椅形象	2号椅形象	3号椅形象	产品族形象
装饰的线索	各部分由草绳或线状物缠绕骨架构成。底座前部分割线为蓝、紫色系,与椅背相呼应,底座其余部分为草绳本色的线构成,延伸至扶手外侧。扶手内侧为草绳本色与低明度红色相间的线构成。椅背枝状体色彩丰富、有明显的韵律感,具有较强的装饰性。色彩与材质相匹配,体现了源于自然的特性,充满动感与活力	色彩单一,为白色不透明,亚光。无装饰性图案和纹理。源于自然,富于变化,但略显冷漠或高傲。	椅背、椅腿与椅面由不同色彩和形状的布条缠绕骨架而成,表面为棉布质感,色彩和谐、丰富、热烈。色彩与材质相匹配,体现了源于自然的特性,又充满了动感与活力	不透明、亚光、天然材质,整体感强。
使用者行为线索	较为放松。扶手可提供支撑,前臂摆放不自然;座面不舒适,骨架较硬	较为谨慎,肌肉紧张。坐于椅面的过程不够自然,感觉椅面坚固,但较僵硬	较为放松。座面不舒适,骨架较硬,倚靠较为谨慎	椅面感觉较硬,不舒适;前臂无法自然摆放;椅背不适于倚靠
使用者行为线索	背部倚靠较为谨慎,感觉僵硬;受到底座前部轮廓线的制约,小腿和脚部不能够自然摆放	感觉椅面与视觉有较大差距;尝试慢慢倚靠,感觉富有弹性,但有变形和异响	椅背有突出物,不适于倚靠;无扶手。倚靠过程中,感觉不平衡	
研究对象行为线索	无	背部倚靠或手臂搁置,接触的枝状物变形,发出"吱嘎"的声音	无	无主动性行为线索

（4）感官通道分析

各感官通道在用户体验中的作用不同,依据问卷调查和深度访谈,结果如表 3-3 所示。

表 3-3　　　　面向"复制的力量"产品族形象的用户体验感官通道分析

研究对象	1号椅	2号椅	3号椅	产品族
视觉	非接触性体验中占据主导地位	非接触性体验中占据主导地位	非接触性体验中占据主导地位	非接触性体验中占据主导地位
听觉、触觉	接触性体验中起到辅助作用	接触性体验中起到辅助作用	接触性体验中起到辅助作用	接触性体验中起到辅助作用
嗅觉	辅助作用	辅助作用	辅助作用	辅助作用
味觉	—	—	—	—
本体觉	接触性体验中占据主导地位	接触性体验中占据主导地位	接触性体验中占据主导地位	接触性体验中占据主导地位
感官通道和谐性	视觉、触觉与本体觉不和谐	视觉、触觉与本体觉不和谐	视觉、触觉与本体觉不和谐	视觉、触觉与本体觉不和谐

（5）用户响应分析

用户响应是用户体验分析的核心,由美学体验、启示体验、象征体验和情感体验构成,具体见表 3-4。

表 3-4　　　　面向"复制的力量"产品族形象的用户响应分析

研究对象	1号椅	2号椅	3号椅	产品族
美学体验	简洁、稳重、安静,造型较为传统,左右对称、上下比例和谐,秩序感较强	气质出众,造型新颖,不对称,无序中有序,比例协调,形态和谐	热情、张扬、冲击力强,造型新颖,装饰性特征突出,左右对称、上下比例不协调	装饰感强,整体协调性好,产品焦点均为枝状物,个性突出
美学体验	椅背形态新颖,装饰性特征突出,静中有动。本体觉与视觉、触觉矛盾,感觉不舒适	听觉、本体觉与视觉、触觉矛盾,感觉不舒适	椅背形态丰富本体觉与视觉、触觉矛盾,感觉不舒适,平衡性较差	本体觉与视觉、触觉矛盾,感觉不舒适

研究对象	1号椅	2号椅	3号椅	产品族
启示体验	半围合空间的水平状平面距地面有一定距离、表面平整，为线构成，可坐，构成椅面；左右两侧向侧上方伸展曲面，表面平整，可放置手臂，形成扶手；椅面与扶手后方的竖直平面可依靠，形成椅背。底座宽大，与扶手融为一体，具有良好的稳固性。扶手、水平状椅面、靠背及底座构成典型的椅子特征。主体为枝状物，表明源于自然的特征	枝状体中上部和前部形成虚空间，水平状编织物表明可坐；编织物上方倾斜状靠垫说明可倚靠；前部自由空间，可放脚。主体由纤细的枝状物构成，给人较脆弱的感觉，不可粗暴对待。在体验过程中，背部依靠和手臂放置时，发出异响，感觉到位置变化，说明使力要谨慎。水平编织状椅面、靠垫、底部支撑构成椅子特征。主体为枝状物，表明源于自然的特征	四只腿上方为水平状较平整表面，可坐；椅面上方，枝状物围合成半封闭空间，可倚靠。椅背比例过大，可能存在平衡问题；椅面过低，影响舒适度；整体张扬、奔放，应有较大的使用包容度。椅面、椅腿为典型形态，枝状物构成非典型性椅背，椅子特征较显著。主体为枝状物，表明源于自然的特征	距地面一定距离的水平状较平整表面，上部和前部为虚空间，构成椅面；椅面上方后部围合状表面可倚靠，构成椅背；底部支撑前部空间为虚空间，可放脚。形状、比例与色彩具有良好的表达性。椅面、椅背与底部支撑构成较显著的椅子特征。主体为枝状物，表明源于自然的特征
象征体验	自我表达为沉稳、理性与端庄。群体象征为传统、沉稳、艺术气质	自我表达为内敛、含蓄及个性。群体象征为气质、个性、偏向艺术的人	自我表达为奔放、张扬、激情与开朗。群体象征为个性鲜明、有活力、艺术家	自我表达为个性特征鲜明。群体象征为艺术气质突出
情感体验	主要关心内容为实用、美观、舒适。刺激为美学体验、启示体验和象征体验。评价为视觉愉悦、个性突出、安全、平衡、不舒适	主要关心内容为实用、美观、舒适。刺激为美学体验、启示体验和象征体验。评价为视觉愉悦、个性突出、不自在、摆设、小心呵护	主要关心内容为实用、美观、舒适。刺激为美学体验、启示体验和象征体验。评价为视觉愉悦、个性突出、趣味、不舒适、刺激	主要关心内容为实用、美观、舒适。刺激为美学体验、启示体验和象征体验。评价为好看不好用的艺术品

（6）用户参考分析

用户参考是用户响应产生的"参照系"，依据问卷调查和深度访谈，进行归纳、整理，结果如表3-5所示。

表 3-5　　　　面向"复制的力量"产品族形象的用户参考分析

研究对象	1号椅	2号椅	3号椅	产品族
原型	树枝、树杈等；椅子	鸟巢、雪、树丛等；椅子	树枝、珊瑚、烟花、孔雀等；椅子	枝状物；椅子
相关产品	太师椅、民族服饰、艺术品等	博物馆收藏的椅子、艺术品、鸟巢体育馆等	展会中的椅子、工艺品、饰品等	具有艺术特质的产品
暗喻	传统	归属感	热情洋溢	自然物的"复制"传达特定的意向特征
性格	沉稳、稳重、平和	内向、柔弱、冷漠	外向、张扬、奔放	个性鲜明
惯例	典型椅子特征，椅面、扶手、底座易于识别，椅背有个性	基本呈现椅子特征，椅面、椅背与底座可以识别	较显著椅子特征，椅面、椅腿较典型，椅背个性突出	呈现椅子特征，椅面、底座较易识别、椅背富有个性

（7）其他用户体验影响因素分析

鉴于研究对象的特殊性和调查时间段的限制，不涉及"先导事件与后续事件"及"产品变异"对用户体验的影响，其他分析因素如下：

① 个体特征：23名同学（其中含8名深度访谈同学）为中国矿业大学工业设计09级同学，入学时无艺术基础，已学习工业设计概论、二维造型基础、三维造型基础、工业设计史和工业设计方法学等专业基础课程，形象特征见表3-6，表中形象属性的差异性对用户体验无显著的差异性影响，但在细节描述上有所区别。

表 3-6　　　　参与调查人员的形象特征分析表

属性	特征
性别	17名男同学；6名女同学
成长地	吉林、河北、四川各3人；山东、福建、江苏各2人；甘肃、辽宁、广东、浙江、河南、安徽各1人
性格	性格外向、开朗12人；内向、沉稳8人；中性3人
爱好	14人喜爱看书、上网、听音乐；9人喜欢运动和旅游
生活节奏	4人的节奏快；5人较有规律，节奏一般；3人无规律，时快时慢；2人散漫

属性	特征
流行的态度	3 人追求流行;4 人适应流行;5 人部分接受流行;9 人以自我为中心
产品评价标准	13 人填写了简洁、实用、美观;4 人填写了质量、价格和功能;2 人填写了直觉;4 人填写了适合

② 情景因素:用户动机主要为主动性探求产品的内在动力,辅之以回答调查问卷的外在压力。交互机会为特定时间段的人—机互动,无固定顺序,可自由体验,每把椅子的人均体验时间约为 20 分钟。交互环境为典型的大学教室,椅子摆放于黑板和课桌之间,环境气氛轻松、活泼,但体验缺乏私密性,易于受到他人的关注。情景因素对用户体验的深度和细致性有较大影响。

③ 文化因素:由于研究对象主体为自然物构成,价值较低,设计元素较类似,价值观念不对用户体验构成影响。虽然参与调查人员来自于不同的地域,对流行时尚的态度有所不同,但在深度访谈和问卷调查中,没有发现用户体验的明显差异性。主要原因在于产品族为参展作品,个性特征过于突出,且体验为集中性体验,影响了体验的深度和细致性。

3.5　本章小结

产品族作为大规模定制的基础成为设计与制造领域的研究热点,众多学者从不同角度对产品族和产品平台进行了定义,但都是以企业的活动为中心进行分析。产品平台是产品族设计的核心,产品平台设计分为基于参数共享和基于功能分析两种类型,产品平台的评价指标主要包括产品平台的通用性、技术性、灵活性和经济性等。面对现代经济的日趋"非物质化","经济人性"获得越来越多的关注,有必要在新的经济发展趋势下,对产品族和产品平台的概念进行拓展。产品族用户需求的指标体系应加以拓展,从以理性的价值为基础转向价值与感性并重,从用户心理需求和情感的角度构建产品族平台,从"人性"的角度探讨产品族设计。

从用户体验的角度对产品族进行重定义,探讨了产品族与品牌、产品之间的关系,并从产品族开发的背景、焦点、影响因素、物化成果、评价标准等多个侧面进行了新旧概念的对比分析。

通过定义与分析面向体验的狭义产品族形象,建立了基于体验的产品族形象构成模型,认为产品族形象由核心理念层、个性特征层、核心体验特征层和非核心体验特征层构成,其中核心体验特征层是用户体验的关键,由产品族形象的主题、原型、关键技术特征、美学特征、启示特征和象征特征组成,它们构成了产品族形象特征平台。

产品族形象线索就是人们获取产品族形象的识别信息,其作用取决于线索的效度和信度。通过对产品族形象线索分析,建立了产品族形象的沟通模型、传播通道模型、静态线索与动态线索模型,并对模型的构成要素进行解析,为用户体验和产品族形象研究奠定基础。

建立了面向产品族形象的用户体验模型,并探讨模型构成要素。分析了感官通道的特征与权重,探讨了多感官通道信息及非设计性感官通道信息的特点。用户响应是用户体验模型的核心,由美学体验、启示体验、象征体验和情感体验构成。产品族体验受到原型、相关产品、暗喻、性格和惯例等用户参考的影响,以及先导事件与后续事件、产品变异、个体特征、交互情景、文化习俗等多种因素的共同作用。

将产品族形象设计的基础理论和面向产品族形象的用户体验理论应用于实例,分析了"复制的力量"产品族的"族"的特征,构建了基于体验的"复制的力量"产品族形象线索模型,研究面向"复制的力量"产品族形象的用户感官通道系统、用户响应和用户参考,并对影响用户体验的其他因素进行剖析,说明了理论的可行性。

4 基于体验的产品族形象设计理论框架研究

4.1 产品与产品族形象设计研究现状

4.1.1 产品形象设计研究现状

产品既是企业的又是用户的,产品通过与人们的互动承载着树立品牌形象和满足人们价值需求的双重任务。产品形象设计是企业的战略活动,品牌交流的有力工具,在用户体验与情感响应中诗意化品牌的核心价值,在产品中获得强烈的品牌认知和品牌联想需要持久、一致的产品形象设计[120]。产品族形象设计可包括产品形象塑造的理念识别、视觉识别和行为识别等三方面内容,应该解决类别、特征和价值等三方面的问题[121-122]。

(1)产品形象设计中的用户价值

满足目标用户价值需求是产品形象设计的基本要求。产品形象设计作为一种创造性活动,要以产品设计为核心,将产品的内外因素相结合,始终围绕着人的价值需求来进行,用户价值包括使用价值、社会价值、情感价值和精神价值。以价值需求分析为基础分析产品进化,形成了基于用户价值的产品进化框架[123]。而感性塑造则是产品形象设计的具体化,为此应注重人的精神感官表现及在共识感应中的个性化体现[124]。心理美学马丁尼是快乐和主题专业性地混合在一起的设计精神,它是产生有意义的设计形象的一种方法,并且确保意义的表达。心理美学马丁尼包含三种成分:诺曼的人性化理论,人的活动是中心,技术是不可见的,存在于特定活动的信息应用之中,简单、有力、愉悦;马斯洛的分层需求理论,基于体验层次的需求规划有助于更好地理解市场,进行竞争定位;第三种成分是理解刺激的实现方式,使得消费者在与产品的互动中获得完美的体验[125]。

(2)产品形象设计中的品牌形象塑造

现在的品牌形象包括情感维度、伦理维度和性能维度;未来的品牌形象由视觉转向体验,由硬品质转向软品质。品牌认同效果的主要变量包括品牌个性的吸引力、显著性、自我表达价值、正面的口耳相传报告和品牌的忠诚度,研究结果表明吸引力、显著性、自我表达价值有正的相关性,品牌认同直接作用于口耳相传报告,间接作用于品牌的忠诚度,在多种通讯工具条件下,形象变得更加易变[126-127]。品牌可以通过文脉进行构筑,其特征是将无形的品牌价值,通过建立背景信息或知识结构使之表现出来。其目的就是通过品牌的结构化,使其可视化而容易操作[128]。品牌本质可以运用"品牌一眼睛"方法直观地理解和传达。首先,通过产品探讨品牌和公司的内在价值、历史和愿望;然后,将结果翻译成价值,并按照结构化的形式组织起来;其次,创造品牌眼睛,核心价值是眼睛,外层描述了品牌特征,最外层有助于对品牌本质的理解;最后,将抽象的品牌眼睛用设计师的方法进行翻译,例如生动的图像、歌曲、视频,等等[63]。

在面向品牌的产品形象设计过程中,首先要对品牌战略形象进行深思熟虑;其次,要对品牌特性转换到物理设计线索给予足够的重视。品牌遗产和文化的不同、工业环境的不同、公司商业和产品战略的不同都有可能导致对设计符号线索的应用途径不同[129]。多数品牌都拥有作为品牌遗产、文化和声誉的形象域,品牌拥有设计银行,含有品牌产品应当体现的设计要素。品牌的设计语言可以被定量地设计特征描述,设计特征呈现特定品牌联想的物理形态。通常,家族的相似性体现在潜意识层次。战略选择的关键在于品牌辨识的层次选择,以及形象域是否是产品开发的基础[130]。以爵士乐为隐喻,创造性过程与设计相结合,探讨通过设计有价值的产品与用户相呼应获得有力品牌的途径[131]。

产品不仅要具有吸引力,而且要具有明确的品牌特征,显著的品牌核心价值。通过定义和解构品牌和产品形象的要素(核心价值、属性和性格),形成差异化元素,使用各种隐喻封装和加深这种形象特征[132]。基于价值的设计特征具有显性和隐性参考,取决于品牌的战略方针,可以一贯或柔性地用于产品形象设计[133]。语义变换一方面作为一种概念源头,在语义变换中产品作为体现特定语义参考的品牌品质;另一方面作为一种实际变换过程,基于语言的品牌定义被转换为基于视觉的设计元素。开发期望产品的艺术在于平衡可溯性品牌设计元素和非可溯性设计元素的能力,但非可溯性设计元素隐形地与特定的品牌知识相关联,根植于设计文化和品牌遗产[134]。

其中,品牌类别是产品形象设计的约束之一,品牌类别特征可通过同类产品的特征语义空间,运用语义差分法进行构建[135]。通过品牌整合的一致性和连贯性的逻辑模型,形成产品和品牌体验一体化的设计策略,并将一体化品牌管理系统应用于基于产品设计的企业形象设计,使产品形象设计成为一种完整的效应性创造[136-137]。

(3) 产品形象设计的主要方法与代表性案例

将品牌识别、价值、个性等融合于产品之中是产品形象设计的难点和关键,主要方法包括:

① 设计格式:Warell 通过对品牌历史产品和现有产品的设计元素解析,提取共同的设计元素特征,形成品牌视觉形态内容和形态表现的设计格式,借助动态的设计格式,保持品牌产品视觉形象的一致性[93]。

② 形态语法:形态语法是形态构成规则的集合,利用简单的基本形构建复杂形。通过品牌历史产品设计元素构成规则分析,构建品牌产品形态语法,通过在产品形象设计中的应用形成产品的品牌认知性[138-139]。

③ 显性和隐性品牌设计元素:Karjalainen 认为显性设计元素是品牌所特有的产品视觉设计元素或设计元素组合,隐性设计元素特征基于品牌设计文化和品牌传承用形容词或隐喻表达,人们通过参照物对隐性设计元素解码[140]。

④ 品牌设计 DNA:将生物学 DNA 概念引入品牌产品设计,通过品牌基因遗传与变异形成具有品牌认知度的产品[141]。

代表性的产品形象设计案例主要包括:

① 首先定义企业美学主题和美学形式,用于体现和可视化企业价值;进而定义产品设计的可视符号。以宏基产品为例,用层次分析法对品牌价值进行分析,构建品牌价值和产品空间,可视化品牌价值和形象,建立产品识别形象,形成形态语言[142]。

② 通过广泛的人机和功能研究,Sky 遥控器成为 Sky 的品牌象征,设计语言被建立并传承。设计的视觉和触觉认知唤起了 Sky 的品牌价值[143]。

③ 通过对 Volve 汽车和 Nobia 手机的案例研究,澄清品牌形象的概念、本质和表达,分析在产品设计中品牌形象参考的作用和地位,解释通过产品设计元素进行品牌属性交流的方式[134]。

④ 通过 1939~2002 年别克轿车前脸的视觉造型元素分析,提取别克汽车的视觉品牌元素及变形特征,构建形态语法,结合产品发展趋势,实现具有品牌识别特征的别克概念轿车外观造型设计[139]。

产品形象的系统评价是基于产品形象内部和外部评价因素,用系统和科学的评价方法去解决形象评价中错综复杂的问题,为产品形象设计提供理论依据[98]。

4.1.2　产品族形象设计研究现状

产品族形象设计方面的研究文献相对较少,主要集中于产品族概念设计前期的用户需求研究和产品族造型设计两个方面。

(1) 产品族设计的基本类型

根据设计过程,产品族设计可以分为自底向上(Bottom-Up)和自顶向下(Top-Down)两种类型。Bottom-Up 平台构建方法是在已取得成功的产品上进行拓展,通过产品通用平台的构建,进行产品改良或导出面向新细分市场的产品系列,这是一种后验性再设计,开发时间短,风险较小,但平台的通用性往往受到限制。Top-Down 平台构建方法,是一种产品平台设计的前验方法,通过全面考虑企业产品战略和产品发展规划,构建核心产品平台,衍生面向不同细分市场或不同时段的一系列产品,开发时间长,风险大,但易于实现企业的整体商业目标。

根据产品族中产品特征实现方式的不同,基于模块化和参数化产品平台有两种基于平台的产品族设计方法:一种是参数化产品族设计方法,通过参数化变量在产品平台不同维度的"伸缩",满足不同目标市场的用户需求;另一种是构造化产品族设计方法,在模块化产品平台的基础上,通过增加、替换、缩减模块,衍生不同的产品系列[144]。

(2) 产品族设计中的用户需求研究

满足用户需求是个性化定制的起点,是产品族定位的关键,用户需求信息的表达和应用是产品族平台和模块划分的依据,是产品族形象设计前端的核心问题,代表性研究如下:

① 基于 KANO 模型,对用户需求与偏好进行分析,将模糊的用户需求进行聚类,然后转化为设计特征,并依据公理设计理论将不同类别的功能需求映射到产品的物理模型[145-147]。

② 建立动态、量化的多维用户需求模型,通过功能灰色聚类分析,建立产品族系列谱系[148-149]。

③ 以产品品质主要指标和权重分析为基础,构造客户对品质要求的满意度函数;通过对竞争产品满意度计算,确立设计基准;经过产品品质与产品功能结构参数的灵敏度分析,确立产品族品质方案和规划方案[150]。

④ 结合感性设计思想和产品族平台设计理论,建立客户感性空间、设计感性空间和设计参数空间,通过多元数据分析建立顾客感性空间到设计感性空间

的映射,以及顾客感性空间到设计感性空间映射[151]。

⑤ 通过 QFD 将产品族客户需求映射为产品族特征参数,并确定产品族特征参数权重[152]。客户需求及其重要度可通过层次分析法(AHP)及聚类分析法确定[153],也可通过企业的历史交易数据挖掘[154],或通过产品规划决策建立整数规划模型进行确定[155]。

(3) 产品族造型设计

产品族造型设计的热点集中于产品族设计 DNA 研究,产品族设计 DNA 研究方法就是将 DNA 相似性和继承性的概念引入到产品内在的遗传和变异特质中,从语法层、语义层等多个方面提取产品族设计 DNA 的显性和隐性特征,找出构成产品族风格 DNA 遗传和变异的设计元素,通过产品族 DNA 编码应用于产品族设计[156]。主要研究如下:

① 基于本体:探讨产品族本体知识,将产品族设计 DNA 的遗传与变异规律与产品族设计本体知识表示模型相结合,构建基于本体的产品族 DNA 设计流程[157]。

② 基于视觉识别:以产品视觉识别维度为基础,研究产品族设计系统模型,通过产品族视觉识别的设计 DNA 构造,形成产品族视觉识别的层次模型[158]。

③ 基于情景:以基于情景的产品设计模型为基础,通过显性因子、隐性因子和情景因子的应用,建立产品族设计风格 DNA 遗传与变异模型,并探讨了其关键技术[159]。

④ 基于视觉—行为—情感:以基于品牌识别的产品族设计为基础,通过基于视觉—行为—情感的产品族设计基因层次模型,提出已有和新建产品族设计基因的构造过程模型,探讨产品族设计基因构建的循环模型[160]。

⑤ 基于造型:通过产品造型设计符号元素分析,探讨产品族造型设计 DNA 的语意元素及其在品牌延伸中的作用[161]。

⑥ 基于感性工学方法:从现有产品族中选取代表性样本,分析偏好驱动的产品族外形基因设计构建体系,划分产品族外形基因表达层次,推导出一系列既具延续性又具差异性的 SUV 产品族侧面设计方案[162-163]。

产品族造型设计的其他代表性研究如下:

① 以产品形态构成分析为基础,建立产品族形态部件的配置层变型、空间布局层变型及型面层变型模型,从人机侧面、比例侧面和系统构造侧面出发构建了产品族形态设计平台[164]。

② 基于认知设计进行形态分析,通过完形设计、识别特征设计与细节设计

完成产品族造型设计[165]。

③ 在分析产品识别内涵及认知—行为—情感交互融合识别方式的基础上，将产品部件划分为通用性部件、相似性部件、意象性部件和独特性部件四类，构建了产品族造型系统[166]。

④ 通过产品族与原型的内涵研究，建立产品族原型体系的构建原则，提出原型体系的提取方法，并应用于产品族的再设计[167]。

4.2 产品族形象设计的总体构想

4.2.1 产品族形象设计的问题与特征

问题是设计的起点和核心，对问题意图的清晰把握和确切描述是产品族形象设计的首要要求。

产品族形象设计是指传达品牌形象、满足人们体验需要的产品族形象创造活动。产品族形象设计的出发点是用户和企业，目的是在产品族体验过程中满足用户的物质需求和精神需求，形成良好的用户体验；同时，使用户领悟到产品族所蕴含的品牌个性和企业文化，打造有意义的品牌体验。

因此，产品族形象设计表现为两个方面的问题，即如何形成满意的用户体验和如何铸造用户与品牌的正面情感关系。

(1) 问题1——如何形成满意的用户体验？

体验是个性化的，是量身定制的，每一个用户都有自身的价值和期待，产品应具有满足这种个性化需求的能力。批量生产的产品抹杀了用户的个性化需求，迫使用户接受标准化的工业制品。在人—产品交互过程中，从形式上机器是被动的一方，根据人的行为做出适当的反馈，但在本质上人是被动的，为了使用产品用户要学习，要符合机器的使用规程，在互动过程中被改变的是人而不是产品，人被迫满足机器的要求而不是机器迎合人的需求。随着信息技术的发展，体验经济逐步渗入到社会的各个角落，人的自主意识越来越强，量身定做不仅成为可能，而且逐渐成为企业生存的基础，成为用户体验的起点。

"量身定制"是通过定制使产品形象与用户自我形象相一致，"定制"在形式上是功能、外观、服务、包装等，而在本质上"定制"是一种用户体验，定制的内容是个性化的产品形象，产品族的形象设计是"量身定制"的基础。产品族满足的是某一时间段品牌特定细分市场的需求，即产品族形象应与特定群体形象的某些"触点"特征相匹配。人是社会化的动物,人的群体归属感是个人需求的重要组成部分,虽然个人可能归属于多种群体,但在某一时刻个人需要产品展现具有显著性的个人特征和群体特征,个人特征是建立在群体特征之上,同样产品形象是以产品族形象为基础。

形象是用户感知的脑海图像,基于体验的产品族形象设计是指产品族形象的创造应满足用户的体验要求,满足用户体验是产品族形象设计的核心,这有别于产品族识别设计。识别强调的是差别,更多的是从企业角度考虑问题,识别是形象设计的基础,形象是识别的感知形式,两者的出发点不同。

满意的用户体验寻求的是在产品族整个生命周期内具有正面的情感响应。在特定的使用情景中,用户—产品—环境不断地进行信息交互,用户通过感官系统接受外界信息,进行认知处理,不断调整和充实产品形象和产品族形象。产品族形象设计的最大挑战在于产品族整个生命周期内形成满意的用户体验,即在产品族的信息搜索—购买或定制—初步使用—短期使用—长期使用—废弃处理等各个阶段不断营造正面的用户情感响应,日积月累,在每一个过程都形成满意的用户体验。

(2) 问题2——如何铸造用户与品牌的正面情感关系?

品牌是一个与名称、标志相联系的一系列关联,或是与一个产品或服务相联系的一个符号[168]。品牌的一个显著特征是影响人们对产品的感受,人们认识一个产品不仅取决于真实的产品状况,更重要的是取决于自身对产品的理解。在许多情况下人们依靠可感知的产品线索无法对产品的真实情况做出客观的评判,杰出的品牌作为可信任的产品线索有助于人们对未知的产品品质做出合理的预测,人们如何看待一个产品取决于一个品牌产品真实的产品本身及其品牌这两个因素。

随着产品同质化趋势的增强,市场竞争是企业文化和品牌的竞争,但客户对品牌的忠诚度越来越低,如何铸造用户与品牌稳固的正面情感关系是企业关注的焦点。体验经济促使企业的运行模式产生巨大变革,产品作为用户与品牌的媒介发挥了前所未有的作用。在用户与产品的交互过程中产生了一系列的情感响应,通过美学体验、启示体验和象征体验形成了正面或负面的情感体验,不同时空的情感体验铸就了用户与品牌的情感关系,如图4-1所示。

用户与品牌情感关系的营造需要一致的正面用户情感体验,包括两个方面:一致的体验和正面的情感。一致的体验是指产品族与用户的"触点"保持一致性,产品族由一组具有相同形象特征的产品构成,每个产品激起用户强

情感关系

情感体验

情感响应

图 4-1　情感层次

烈情感响应的特征即"触点"应该相同,通过"触点"的反复刺激,用户的情感响应得到巩固,应注意"触点"的表现形式应在不同产品间有所区别,即使是同一个产品也应注意从不同的侧面强化同一特征,从而避免单一表现形式所形成的审美疲劳。正面情感的产生以人机交互的和谐性为基础,符合目标用户的价值要求。人机交互是信息的交互,如果出现不和谐的、甚至是矛盾的信息易于形成混乱,让用户茫然,人们本能地会模糊这种信息,易于产生负面的情感;若要形成正面的用户情感响应,首先就要注意从不同侧面保持信息的和谐统一。用户具有将物品赋予意义的本能,在体验中用户是从整体上把握产品的感觉,如果产品体验能够满足或超过用户的预期就会形成正面的情感响应。

产品族形象设计就是通过对产品族形象特征的规划保证产品族中各产品"触点"的一致性和信息交互的和谐性,将品牌文化和品牌个性溶于用户的价值需求之中,通过满意的用户体验营造用户与品牌的正面情感关系,提高用户对品牌的忠诚度。

综上所述,产品族形象设计是以用户体验为基础,通过分析相互关联的一组产品在不同事件中的表现,构建产品族的抽象特征,以满足用户需求和实现品牌传达的创造性活动。产品族形象设计的目的是双重的,而非单一的;产品族形象设计的对象是一组产品,而非单个产品;产品族形象设计的基础是体验,而非单纯的功能、美学或情感;产品族形象设计的结果是抽象特征,而非具体的物质产品。因此,产品族形象设计具有 Top-Down、系统性、均衡性和平台化的显著特征:

① Top-Down 特征。产品族形象设计是 Top-Down 设计,即产品族中的产品组合及其形象是统一规划的,而 Down-Up 是单个或部分产品取得市场成功

后，根据其成功要素，不断推出衍生产品，逐渐形成了产品族和产品族形象。相对于 Down-Up，Top-Down 更有利于企业的产品规划，在人力、物力和时间上更加高效，但同时也承担着更大的市场风险。在产品族发展的初期，Down-Up 占据主导地位；随着人们对产品族设计研究的深入和大规模定制的实施，Top-Down 成为主流形式；在以体验为基础的产品族形象设计中，必然采用 Top-Down 设计形式。因为体验是个性化的、是定制的，如果采用 Down-Up 形式成功产品体验的推广相对批量生产时代的产品在适用性上更加狭窄，影响因素更加繁杂。采用 Top-Down 形式的产品族形象设计源于企业的产品战略，具有明确的任务，定位于特定的目标市场，产品族谱系结构和形象特征充分考虑产品生命周期中的典型事件和企业内部的产品层级结构，易于满足用户的个性化需求。

② 系统性特征。产品族形象设计具有系统性设计特征，表现为产品族形象设计的目的性、整体性、相关性、层次性和动态性。如前所述，产品族形象设计目的明确，即形成满意的用户体验和良好的品牌体验；整体性是指以整体的观念在产品族形象设计过程中协调用户体验和品牌体验，协调构成产品族各产品的形象，协调产品族形象构成要素的特征，系统的整体性不是简单的构成要素叠加，而是注重整体效果和群体效应；相关性是指产品族形象设计的内部系统与外部系统相互作用、相互影响，各子系统的构成要素之间也相互关联、相互作用、有机地结合在一起；层次性是指产品族形象设计过程是由产品族形象的整体个性至产品族形象的特征平台，由特征平台至其构成要素系统，是一个由整体到局部，层层分解的递进过程；动态性是指产品族形象设计具有动态思维的特征，产品族形象有其形成、充实、稳定、调整的过程，产品族形象设计反映产品族形象的阶段性变化特征及各构成要素之间的动态关系[169]。

③ 均衡性特征。均衡性是指通过产品族形象设计实现用户体验和品牌体验的均衡，产品是企业沟通用户的桥梁，是用户体验的道具，产品族形象的设计与评价要从企业和用户的双重视角进行考虑。定制是满意体验的前提，定制意味着企业运行方式的转变，尤其是与用户密切相关的设计模式、营销模式和流通模式的变革，由于技术的同质化在不断加强，企业的竞争意味着品牌核心价值和品牌个性的竞争，产品作为品牌个性的主要载体，比以往任何经济形式都更加强调品牌核心价值的传播，人们之所以认可产品，不仅仅在于愉悦的产品体验，更注重的是在体验中所蕴含的文化象征意义，正是由

于对文化的认可才会铸就品牌与用户的稳固情感关系。另外,满意的用户体验是良好品牌体验的基础,以用户为中心是根本,产品族形象毕竟是用户的印象,但任何产品族所面对的都是特定的目标用户群体,在"族"的基础上实现个体的差异化。

④ 平台化特征:平台化即产品族形象设计的过程就是产品族形象特征平台化的过程,产品族形象设计的结果是一个抽象的特征平台,产品族的形象特征被具化为一组可识别、个性化、层次性的抽象特征。产品族形象特征不同于产品族识别特征,产品族形象特征是产品族在人们印象中的特征,而产品族识别特征是设计师所建立的产品族个性特征,设计师通过编码将产品族识别特征赋予产品族,人们通过产品体验解码获得产品族形象特征,理想情况下两者是相同的。产品族识别特征是产品族形象特征的基础,但产品族形象特征更加强调用户的体验,即在事件中体现作为道具的产品感知特征。特征平台化意味着产品族中的每一个产品都应具有特定的一组特征,并且作为产品的首要特征在不同的使用情景中体现,但并不否认在特征平台化的前提下,每个产品具有自己的个性化表现形式,正是由于这种抽象的统一与具象表达的多样化,才形成了产品族"族"概念下的丰富多彩。

4.2.2　产品族形象设计的原则与思路

人是体验的主体,产品作为人们获得体验的载体和媒介,承载着满足人们心灵需要的创意和寄托,要打造理想的产品族形象,必须要实现用户体验过程中产品族形象设计的沟通性(communication)、识别性(identity)和一致性(uniform)。基于体验的产品族形象设计构建一般要遵循沟通性原则、差异性原则和一致性原则。

(1) 产品族形象设计的沟通性

用户在体验过程中,接收产品信息,建立产品族形象。因此,良好的沟通性是产品族形象建立的必要条件。

首先,要注意沟通渠道的拓展,充分利用人的各种感觉器官。不可否认产品族的视觉形象设计是产品族形象设计的主体,但在产品体验过程中,人的感觉器官感受到的刺激是全方位的,涵盖了人的视觉、听觉、触觉、嗅觉、味觉和人的本体觉等。如果人们在拉动抽屉时感觉到的是一种柔顺、平滑的力感,就会形成一种产品质量精良的印象;反之,如果感觉到的是一种生涩、断续的力感,听到的是刺耳的声音,就会彻底打破产品外观所树立的美好形象。

其次,要注意沟通文脉的营造。由于人们存在个体和文化的差异性,对同一件产品会有不同的审美观点和形象感受,要进行有效的沟通,就在于符号的识别性及语义传达性,必须有一个通用的基础,这就是文脉。文脉是沟通的桥梁,是对特定群体文化的抽象。通过文脉,打造特定人群易于辨别的意向群,体现为喜闻乐见的表现形式,引发它们习惯感知上的认同,以此来吸引消费者,建立期望的产品族形象。

(2) 产品族形象设计的识别性

识别即区别,是特定的产品族形象与其他产品族形象的区分程度,只有建立个性突出,形象鲜明的产品族形象才能在体验过程中给人们留下深刻的印象。良好的产品族形象识别性取决于形象设计时的内部区隔策略和外部区隔策略。

所谓内部区隔策略就是企业内部产品差异性的设计策略。产品是企业的产品,企业内部产品族的组合策略反映了对特定市场的理解和划分,构成了一定的层级结构。作为层级结构的构成元素,特定的产品族形象设计在满足细分市场文脉要求的同时,要注意同一层级横向上的差异性,避免由于产品族形象不突出,造成企业内部产品实质上的定位重叠。通常,成功的产品族形象具有延续性,即产品族形象设计具有纵向上的遗传性和变异性,在产品族形象设计时既要充分利用优质的形象遗产,也要反映时代气息,企业的内部区隔策略取决于企业文化和品牌个性,是在一致性和创新性之间的动态平衡。

外部区隔策略是指与企业外部产品在产品形象上的区别性。人们具有追求新颖性的天性,企业必须不断推陈出新,而这种新颖性是相对的,是相对于同一细分市场的企业竞争产品而言。企业的外部区隔策略,由企业的竞争战略确定,是企业的实力和市场地位等多方面因素综合考虑的结果。

(3) 产品族形象设计的一致性

产品族形象设计的一致性是指所有与产品族相关的信息和活动共同营造统一的产品族形象。一致性深层次地体现为产品族形象设计的核心价值与个性表达,具体表现在横向和纵向两个方面。在横向上,关注不同信息传播渠道产品族形象的一致性;在纵向上,打造产品族生命周期各个阶段产品族形象的一致性。

在横向上,产品族传播信息渠道是多样的,既有与产品直接交互获得的一手数据,也有通过促销和广告获得的抽象信息。产品族形象信息是人们有意识搜寻和无意识接受共同作用的结果,人们通过处理不同来源的产品族形象信息形成和不断改变头脑中的产品族形象。认知的重要性胜于事实,如果人们通过不同渠道获得的产品形象信息是不一致的,是矛盾的,就会产生困惑和疑问,就会削弱已经建立的正面感知形象。只有在产品族形象信息的传播过程中,全部相关人员都充分认识和理解了产品族形象,才能够实现产品族形象信息的准确传达。

在纵向上,产品族的生命周期可粗略地划分为"设计—生产—流通—使用—回收处理"五个阶段。在设计阶段,设计师根据企业要求完成产品族形象的设计,但在用户心目中能否建立起较为准确的产品族形象,取决于其余四个阶段的体验结果。随着人们社会责任意识的觉醒,人们认识产品不再局限于产品的可用性,会以更宽广的视角审视产品形象的相关线索。在生产阶段,关注资源的占用率、加工过程的环保性、用工的公平性等问题;在流通阶段,关注包装的环保性、营销的体验性;在使用阶段,关注产品的功能性、审美性、象征性,以及保养与维护性;在回收处理阶段,关注产品的回收处理方式和费用。因此,要充分考虑产品生命周期不同阶段的要素和特点,用系统化的方法构建良好的产品族形象,贯彻实施到生命周期的每一个阶段。

因此,良好的沟通性是产品族形象建立的必要条件;差异性原则是产品族形象建立的基础,只有建立个性突出,形象鲜明的产品族形象才能在体验过程中给人们留下深刻的印象;而产品族形象的一致性是产品族形象建立的必要保证。

产品族形象设计中的"形象"是指"狭义的形象",即产品族中各产品实体与用户交互所形成的产品族印象和期待;产品族形象设计的基础是对用户体验的认识、分析与预期。在用户体验中,作为道具的产品作用取决于发生的事件,产品本身没有任何意义,只有在特定任务中产品才被赋予一定的功能和象征意义,用户对产品体验的满意度形成了产品的印象,并对产品的未来表现有一定的预期。在体验经济中,产品族代替传统意义上批量生产的产品成为企业推出产品的主要形式,产品族成为企业设计、生产、营销和服务的基本单位,定制化的产品是产品平台的物化表达,产品形象是产品族形象个性化的表现形式,产品族形象是品牌形象在特定目标人群中的具化。

如图4-2所示,采用五层模型表达产品族形象设计的总体思路:

第一层是基础层,以分析为主,产品族形象设计以企业战略为起点,用户体验和品牌体验研究是关键。

第二层是特征层,以综合为主,产品族形象个性是对首层研究的归纳,对第

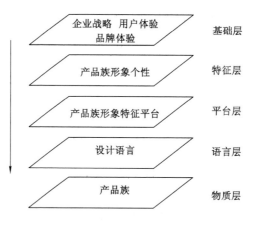

图 4-2　产品族形象设计的总体思路

三层起到统领作用,强调产品族形象的总体性。

　　第三层是平台层,是产品族形象特征的分解和抽象表达,是产品族形象设计的核心,是第四层语言层的基础。

　　第四层是语言层,根据第三层平台层运用设计元素构建产品设计语言。

　　第五层是物质层,是第四层设计语言的具体表现。

　　第一、二、三层是研究的重点,第四、五层的相关理论研究较为成熟,本书不再进行研究。

4.3　产品族形象设计的框架模型

　　产品族形象设计的框架是指产品族形象设计中的关键内容、主要影响因素及递进层次,为产品族形象设计提供理论上的指导,为产品族形象设计程序的建立和产品族形象设计方法的选择奠定基础。产品族形象设计要考虑到用户形象与品牌个性之间的关系、潮流时尚与历史文脉之间的关系、企业内部区隔与外部竞争之间的关系、作为群体的产品族与作为个体的产品之间的关系。

　　产品族形象设计的框架模型如图 4-3 所示,其中,产品族形象特征平台构建是产品族形象设计的关键,产品族形象个性设计是用户体验和品牌体验的凝练,设计语言编码是产品族形象特征平台物质化的桥梁。

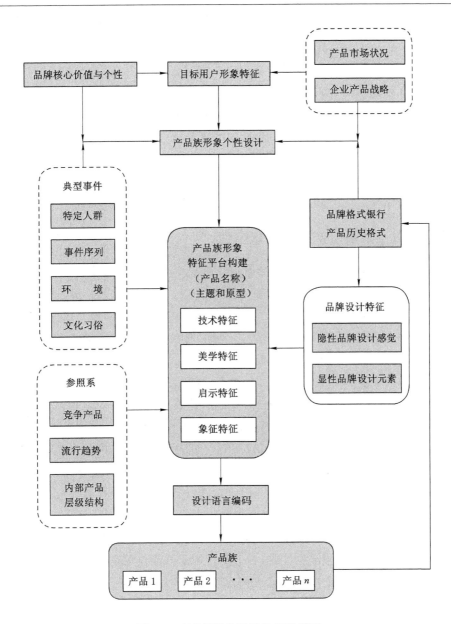

图 4-3　产品族形象设计的框架模型

4.4　产品族形象个性解析

在用户体验过程中,人—产品—环境之间产生了一系列信息交换的序列,虽然我们可以从理论上按照不同的标准将体验解析成各个构成要素,但在人们脑海中形成的是一个整体印象,通常会用抽象的、概括的拟人化语言描述这种印象,如这套椅、桌子和橱柜子很"友好"、很"安静",那套系列沙发很"傲慢"、很"张扬",通过赋予各种产品族以个性,从概念上更易于理解和把握产品族的本质,但这种个性是人们的认识和看法,具有主观性,故称为产品族形象个性。

4.4.1　个性与产品族形象个性

个性是个体的,产品族形象个性并不单纯是族成员形象个性的简单叠加,产品族形象个性强调"族"形象的整体性和存在性,以此来统领族成员的形象。

（1）个性

个性是决定和反映个人如何适应环境的内在心理特征,是将人与人区分的具体特质、属性、特征、因素和态度[170]。人们通过个性可以预测他人的行为方式,评估与其交互的方式和结果。个性由一组个性特征组成,不同的个性特征表达了个性的不同侧面,但是个性特征之间并不是孤立的,而是相互关联的整体,有时可以从一个个性特征推断出其他未知的个性特征。个性特征是高阶的特征,一般不随时间发生变化或者仅仅随时间发生缓慢的变化,个性特征极大影响了个体某一方面的认知特征和行为方式,但并不能起决定作用,一个人在特定情形下的反应不仅取决于内部稳定性的特征,还受到个体临时性特征如情绪的影响,它们共同作用导致了多彩丰富的个体表现。

一个理想的个性特征应该没有例外地适用于个体的所有特性,现实中应用于所有特征的情况是非常少见的,一个个性特征可能仅仅适用于个体有限的特征范围。如果个性特征接近于理想情况,适用于个体大部分的特征称之为"完全"的个性特征;否则称之为"部分"的个性特征[171]。个性特征的认知能力不仅取决于"完整性",而且取决于对于个体特性的"约束性","完全"的个性特征具有可靠的预知性,提供粗略的信息;"部分"的个性特征具有较低的可靠性,适用于特定的范围,但能够提供较为详细和具体的信息。

个性特征的作用取决于个体、事件和环境。个体的不同导致个性特征表现形式的不同,在不同类别的个体之间比较个性特征是没有任何意义的,只有在同类别的个体之间个性特征才会发生作用,"冲动"对于成年男性、成年女性和儿童显而易见具有较大的差异性,如果同一类别所有个体都具有相同的特征就不能称为个性特征,但可以在更高层级上成为类别之间比较的类别个性特征。个性特征本身是无法表现的,只有通过具体事件中个体的作用特征才能展现出来,在不同的事件中,人的介入程度就可能有所不同,需要感觉器官参与的数量和形式有较大区别,仅仅是感官愉悦的美学体验还是展现形象的象征性体验,个性特征的应用范围和具体特征上的表现形式就有较大的差异性,体现了个性特征的"部分性"。任何事件的发生都离不开特定的时空环境,环境不仅在客观上影响体验的进程,对个性特征的发挥起到约束作用,而且在主观上影响人们的感知特征。人们记忆某种事件时并不仅仅是事件本身记忆在人的脑海中,伴随事件记忆的还有记忆情景,对事件的回忆往往由记忆的情景所触发。

个体的个性特征之间是和谐的,甚至是耦合的,从而保证了个性的稳定性和一致性。虽然个人可能具有多重人格,体现不同的个性,但在特定情景中他的个性是稳定的、明确的。一组个性特征共同打造了个性,每个个性特征的地位和作用形式有所区别,但在总体感觉上是相互关联的、协调的,如果在特定时刻个体体现了矛盾的信息,信息接收者就会本能地模糊矛盾的信息,使其不能成为特征或者降低特征的显著性,进而实现整体感觉的一致性。所谓"耦合"是指由一种个性特征联想到个体隐含的其他个性特征,从一把椅子有"尊严",可以联想到"理性""严谨""深沉"等椅子的其他个性特征,并通过相关线索予以评价,从而保证思维的流畅性。

个性反映了个体的差异,具有稳定性、一致性和层次性,在特定的情形下可以发生缓慢的变化。构成个人个性的内在和外在影响因素是不同的,两个人的个性不可能完全相同,即使两个人具有类似的个性,他们在个性特征维度上的特征值也不可能完全相同,一个人的个性总是趋向于稳定和一致的。尽管个性具有差异性,由于个性同时具有稳定性和层次性,在特定层次上个体的个性特征也可能成为群体的共性特征。

(2) 产品族形象个性

产品族形象个性是人们用人的个性描述产品族的形象,是一组一致的个性特征,应用于不同情境下的功能、外观及行为,跨越美学、技术、伦理等价值系统,为期待、解释和交互提供支持[100]。

在体验经济时代,产品族正逐渐代替产品成为企业活动的基本单位。随着网上定制、异地协同设计和第三方物流的介入,传统的产品设计、营销和流通模式将发生革命性的变革,人们接触到的不再是单个产品,而是一个产品族,通过把握产品族形象个性定制个性化的产品形象。产品虽然是定制的,但产品族是产品定制的基础,产品必须符合产品族的约束,产品族形象个性是构成产品族的产品所共同具有的个性特征,对产品族的内部成员是约束性特征,对外部产品是差异性特征。个性强调整体性,是抽象的、概括的说明,个性特征跨越了产品族的方方面面,人们可以根据产品族形象个性期待产品的表现,可以由族内一种产品的表现推断其他产品的行为特征,族的个性将族内产品抽象地统一起来。

产品族形象个性是人们认知产品行为和能力的启示,人们根据产品族形象个性调节自己的交互方式。人们以产品族形象个性特征为线索假设产品的反应特征和行为能力,一件"诚实"产品的外观、性能与价格应该是相匹配的,如果精美的外观超过了价格对应的心理预期,人们在感到满足或欣喜的同时会不自觉地提高对产品性能的预期,但当性能达不到预期时仍然会产生失落感,有可能形成负面的产品体验,人们更多的是依靠直觉而不是理性去感知事物。一件"休闲""随意"的沙发应该有良好的触感,能够适应身体多种姿态的变化,形态自然、过渡平滑,色彩和谐。当面对一件外表"粗犷"的产品时,人们本能地会认为产品能够适应恶劣的环境条件,能够粗暴地对待,能够忍受错误,不能想象在人—产品交互过程中会需要精细的操作,使用者不自觉地会调节自己的行为方式,与启示相匹配。

人们根据产品族形象个性解释产品族的外观与行为,判断正常与否。个性是人们对产品族高度抽象的总体感觉,但人们常常用个性来解释交互过程中的局部问题和具体细节,如果设计师过分注重对局部问题的优化,对"度"的把握不好,不利于强化产品的个性特征,甚至有可能出现与之相矛盾的情况,一件"温和"的产品各方面都应该反应适度,符合人的节奏,如果因效率问题设计师突然加快了产品的节奏,突兀的变化必然形成心理的紧张感,破坏了产品的整体感觉。同样,一件反应"敏捷"的产品突然反应"迟钝",人们就会质疑是否出现了问题。

产品族形象个性认知是渐进的动态体验过程,体验由人、产品和环境组成,物理环境在客观上对人机交互施加约束,社会性环境在主观上影响认知特征,人在体验过程中具有意图、任务与目标,根据人机交互信息不断进行自我调整并做出评价,形成对产品的个性认知。人们感知的是产品族整体形象,而个性特征有"完全"和"部分"之分,只有在反复的人机交互中,特别是与族内不同参数或不同品种的产品交互过程中,"部分"个性特征的适用范围和约束条件才逐渐为人们认知,产品族形象的个性特征逐渐明晰。另一方面,产品的实际表现不仅取决于产品族形象个性特征而且依赖于人们的动机和环境,随意性的浏览、敷衍性的交互只可能了解产品的表面现象,无法体会产品的内涵特征,交互环境的制约、背景噪音的影响都会降低产品族形象个性特征的表现能力,许多卖场不允许试坐高价值的沙发,人们无法真正体会沙发的"宜人性""情感性",拥挤的人群、不和谐的背景使得人们没有心情细细地品味。由于交互动机和现场环境的影响,人们对产品族形象的个性认知会形成一定的偏差。类似于人与人之间的"一见钟情",人机交互的第一印象非常关键,其中视觉起到了主要作用,这是一种初步的、不完整的印象。随着各种情景下体验的进行,人们不断地期待、判断和修正,通过信息交互逐渐形成了相对稳定的产品族形象个性认知特征,只要有新的信息输入人们对产品族形象个性的认知就有可能发生变化,产品族形象个性是动态的,不同个性特征变化的幅度是不同的,但在产品族整个生命周期内保持其个性特征之间的协调性和整体形象的一致性是非常关键的。

4.4.2 产品族形象个性的影响因素

产品族形象个性设计是由设计团队根据企业产品战略,综合考虑企业内外部的多种影响因素,在产品开发的概念设计阶段实施,影响产品族形象个性建立的决定性因素主要包括目标用户形象特征、品牌核心价值和个性、企业的产品战略、品牌格式银行和产品族生命周期中的典型事件集合,如图4-4所示。

(1)品牌核心价值和个性

产品是品牌的产品,产品的商业属性决定了其企业归属。人们体验产品不仅仅是因为产品能够满足其使用需求,还在于相对于其他产品而言,它是独特的,不仅体现在对使用者形象的一种独特理解,还在于品牌与竞争者差异化的角色定位,这是品牌长期发展过程中文化的积淀,是品牌核心价值和个性的具体表现。

品牌是一种承诺,是一种名称引起的联想,仅有名称没有联想不能称之为品牌,品牌的背后是文化,是企业对特定市场文化的理解,一旦人们对品牌文化产生认同,就会引起价值与情感的共鸣,就会将无形的文化价值转化为有形的品牌价值,形成差异化的竞争优势,为产品注入强大的生命力,可以说"21世纪的企业竞争是品牌文化的竞争",人们愿意为品牌付出额外的价值,希望通过品

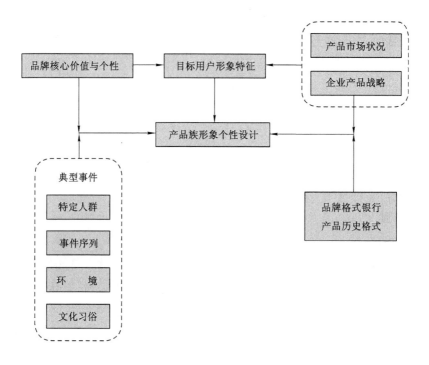

图 4-4　产品族形象个性设计的影响因素

牌传达自己的文化品位与个性,期望借助于品牌表达自己的社会角色,得到心理满足。现代企业非常注重企业文化的营造,特别是 CIS 中 VI 的应用,但品牌文化的构建是一个与品牌共同成长的长期、艰苦过程,是企业内部特征和外部特征持久一致的综合体现,是企业行为的抽象表达,产品作为企业与用户阶段性的触点,是品牌文化最忠实的代言人。

　　品牌依靠产品构建,产品是品牌的载体,必然传达品牌文化,而文化是高度抽象和复杂的,在当今信息饱和的时代,人们时刻经受信息轰炸的困扰,只有简明扼要、持续一致、富有个性的信息才能在人们记忆中占据一席之地,对品牌文化而言就是品牌的核心价值和品牌个性。"一个公司长盛不衰的关键在于它能独立确定一些不依赖于当前环境、竞争条件或管理时尚的核心价值。",品牌的核心价值是品牌文化的 DNA,是品牌文化的核心和基石,品牌竞争的关键是品牌核心价值的竞争,品牌的核心价值是品牌存在的目的和意义,品牌任何印记的出现都会让人联想起品牌的核心价值。在品牌发展的历史进程中,产品的构成形式和技术特征随着各种内、外部因素的影响而不断发生变化,唯一不变的是产品所体现出的品牌核心价值,品牌的核心价值在人们的心目中越牢固、越显著,人们就越容易形成正面的情感体验。

品牌个性是品牌人格化后所展现出的独特性,是品牌具有的特殊文化内涵和精神气质[171]。品牌核心价值是品牌个性的基础,品牌个性是品牌核心价值的活化形式,只有个性化的东西才能够更好地体现本色,为人们所理解,同时品牌个性又是简约的,只有简明有力的特征才容易为人所识别和记忆。随着体验经济的发展,人们由物质消费转向文化财产的追求,由于产品技术的高科技性和技术周期的缩短,人们很难理解和区分产品的物理特性和技术特征,在产品体验过程中摒弃了理性而选择感性,更容易与自己个性相近的产品建立沟通,更易于与自己个性相近的品牌产生情感共鸣。人的个性和价值理念的多元化,为品牌个性的存在提供了基础,而品牌个性是独特的、排他的,一旦建立很难模仿,人们正是借助品牌个性的这种独特性来满足自己的精神感受,任何一个品牌所面对的只能是某一类人群,这类人群在容许的阈值内具有相似的形象特征。在追求个性化的时代,即使是定制也不是全能的,品牌和消费者是个双向选择的过程,品牌个性的差异满足的是消费心理的差异,品牌个性为企业细分市场提供依据,并通过产品族形象得以展示,在产品族的基础上消费者通过产品定制满足自己的个性化需求。因此,品牌价值和品牌个性为产品族的形象设计提供准则,产品族形象设计必须彰显品牌价值和品牌个性,实现用户形象特征与品牌价值和品牌个性的有机融合。

(2) 企业产品战略

产品族形象设计是在企业产品战略指导下的形象设计,必须符合企业产品的整体布局要求。产品战略是企业面对严峻的市场挑战和环境,在符合和保证实现企业使命条件下,为不断持续发展,对其所生产与经营的产品进行的全局性谋划,它体现了企业的总体战略思想和文化原则。它与市场战略密切相关,是企业经营战略的重要基础,产品战略是否正确,直接关系企业的胜败兴衰和生死存亡。

如图4-5所示,与产品族形象设计相关的企业产品战略表现为同一品牌下同种类别产品分布的体系结构,在时间轴的纵向上表现为产品族的更新换代,在某一时间点的横向上体现为企业依据市场细分变量对市场的理解。产品族形象和个性的建立要放到企业产品战略中去研究,考察产品族之间的相互关系,分析产品族的地位和作用。

企业产品战略体现的是不同深度与广度产品族的组合及其相互关系,是企

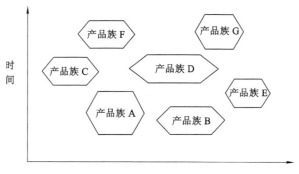

图 4-5　产品族体系分布结构示意图

业资源、竞争策略和品牌文化的集中体现。对于任何一个企业,资金、人力和物力都是有限的,只能维持、开发和预研有限的产品族组合。企业的核心竞争力不仅取决于企业的内部特征和资源,还取决于地理、经济因素、相关政策等与企业发展相关的一系列外部环境,社会发展的大环境直接影响到企业的发展方向和战略性的产品布局。市场竞争态势和企业整体资源共同决定了企业在市场竞争中的地位和发展能力,战术性的竞争策略面对的是市场局部区段,产品是企业在市场中的发言人,每个产品族的定位和特征都要符合竞争策略的要求,落实于产品族形象个性特征和形象特征,以扩大市场占有率为目标的产品族形象与以提高企业利润为目标的产品族形象在个性特征的侧重上会有所不同。品牌文化是企业在市场竞争中被认可的差异化特征,是企业对市场的独特理解,这种理解是企业产品战略长期作用的结果,表现为产品族的不断调整和更新,通过产品的传承和积淀,最终表现为独具特性的产品层级结构和整体印象。

　　企业产品战略明确了产品族的深度和广度,产品族的深度是产品族在时间轴上的延展度,产品族的广度是产品族对市场区段的覆盖面。企业产品战略规划了产品族的生命周期,生命周期的长短与进入市场的时机是产品族形象建立的重要因素,生命周期意味着稳定性与创新性的动态平衡,引领市场潮流与跟随市场潮流体现了不同的产品族形象个性特征;产品族的广度决定了目标群体形象特征的维度和显著性,覆盖范围越小目标用户的共性特征维度就越多、显著性就越高,产品族形象个性就越强,与其他产品的差异度就越大。产品族的深度与广度及产品族之间的关联度是企业在产品差异战略和市场划分策略之间的决策,是企业总体战略的具体体现,是产品族形象个性设计的基础。

（3）目标用户形象特征

产品是用户的，只有得到用户的认可产品才能实现自身的价值。由于每个人所处的时代不同，自然条件与文化环境、经济基础和社会地位的差异性造就了独特而丰富的个体需求，没有产品和品牌可以满足一切用户的需求，即使是定制的产品也必须以产品平台为基础，产品族所面对的也仅仅是一个市场区段，满足的是一个亚群体的部分特征。

目标人群的确立是产品族形象个性塑造的基础，如何界定或描述目标人群是问题的关键，市场营销学常用九种基于消费者性格的方式进行细分：地理要素、人口统计要素、心理要素、消费心态要素、社会文化变量、使用相关因素、利益搜寻及混合细分方式（消费心态—人口统计分析中的 VAL^{TM}，以及地理—人口统计细分中的 $PRIZM^{TM}$）[170]。考虑到用户倾向于选择与自己个性特征相近的产品[172]，为与产品族形象个性相匹配，我们使用心理要素中的自我形象变量进行亚群体的界定，根据马斯洛的需要层次理论人们在体验经济中追求的是自我需要和自我实现的需要，产品作为体验的道具帮助人们在事件中展示自我，这种自我是特定的，它会随环境的变化而发生改变。

每一个人都拥有自我形象，每个人对自己是一类人的印象由一些特征、习惯、财产、社会关系和行为方式等组成[170]，个体的自我形象是个体在成长过程中与外界长期交互和自我奋斗的结果，世界上的每个人及其自我形象都是独一无二的。但是，每个人的自我形象可能并不是单一的，根据环境和交互对象的不同个人可能展示多重自我形象，对待家人、朋友、同事、领导的行为方式可能展现不同的个性特征，不同场合的衣着打扮、言谈举止会有较大的区别，没有人会像"套中人"那样一成不变。值得关注的是在产品相关的场景中人们展示的自我形象是什么，如果形象有变化在不同情境中形象的共性特征是什么，这就是我们要寻求的用户与产品交互的"触点"，是建立产品族形象个性特征的依据。

如图 4-6 所示，自我形象可分为实际的自我形象、理想的自我形象、社会的自我形象、理想的社会自我形象[170]。实际的自我形象是人们在实际上如何看待自己，体现了人们的价值体系和生活方式，在设计调查中使用的"生活方式参照"主要用来分析人们实际的自我形象，包括个人背景、衣食住行、休闲娱乐等多方面的特征；理想的自我形象是人们想象中的自我，由于教育水平、社会地位、经济收入等客观条件的限制，人们暂时无法实现想象中的自我，但人们会借用某种形式表达这种愿望，如超越实际生活水平购买象征某种生活方式的标志

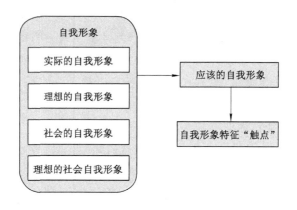

图 4-6　目标用户的自我形象

性产品,模仿代表性人物的言谈举止或衣着打扮;社会自我形象是人们认为别人对自己的看法,是感知的他人对自己的类别认可,人们会借助于象征性的物品强化或试图扭转他人对自己的看法;理想的社会自我形象是人们希望别人对自己的看法,理想的社会自我形象距离现实的社会自我形象有较大的差距,一般情况下人们有清醒的认识,偶尔会借助于特殊类型的产品尝试改变一下,但更多的是停留于想象之中。

　　在不同的情景中,面对不同类别的产品,人们可能在理想与现实之间做出调整,使用"应该的自我形象"指导自己的行为方式,在本质上人们希望通过产品的选择与使用改变、加强或者延伸自我形象,比如通过产品提高自己的能力或工作效率;展现自己的品位和对时尚的敏感性;体现对社会敏感问题的认识和价值追求。实际的自我形象与功能性较强的日用品或私密性产品相匹配,在面对符号性较强的象征性产品时更多地会考虑理想的自我形象和理想的社会自我形象。

　　任何产品和任何情景都不可能展示完整的自我形象,特定场合突出的是自我形象某些方面的个性特征,如果拥有这些个性特征的人具有一定的数量,就符合市场细分时的识别性、稳定性和数量性要求,构成潜在的目标用户群体,真正影响产品族形象个性特征建立的是应该自我形象中的"触点"特征。

　　(4)品牌格式银行

　　如图 4-7 所示,品牌格式银行是品牌发展过程中历史产品格式的集合,格式是指产品的整体形象特征、设计元素特征和组合形式特征。品牌格式在战略上被用来描述和管理品牌识别设计,在设计层面上用以构思和评价设计方案。

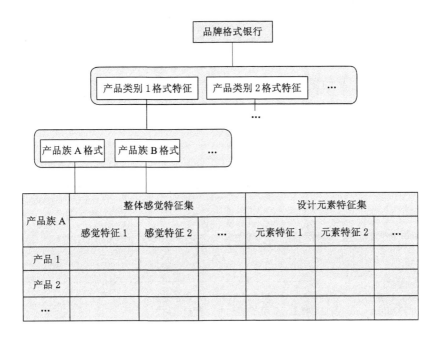

图 4-7   品牌格式银行

品牌格式银行是品牌发展历史的积淀,是品牌核心价值和品牌个性物化的具体表现,产品发展的历史体现了品牌"文脉"的传承和创新。所谓文脉,英文即 Context 一词,原意指文学中的"上下文"。在语言学中,该词被称作"语境",就是使用语言的此情此景与前言后语;通常引申为一事物在时间或空间上与他事物的关系。在设计中,更多的应理解为文化上的脉络,文化的承启关系。将抽象的文脉具化于产品的形象设计之中,语义变换一方面作为一种概念源头,在语义变换中产品作为体现特定语义参考的品牌品质;另一方面作为一种实际变换过程,基于语言的品牌定义被转换为基于实体的设计元素。

传承和创新是一个动态关系,人们在实际中遵循"MAYA"原则,追求创新而又不失本源。目标用户或多或少地对品牌产品有所认识,即反映为对品牌格式银行中部分特征的印象,这种印象应该是独特的,用以区分不同的品牌,逐渐积淀为人们的解码系统,人们不可能将"IEKA"和"KARTEL"的产品混同,同样对"ALESSI"和"EVA"的产品有明确的认识。忠诚的品牌用户会对产品格式银行中的特定要素产生迷恋,成为品牌认知的路标,产品族个性的确立不可能摆脱目标用户原有的品牌产品形象和企业品牌格式银行的约束,产品族形象个性设计应在传承中创新和发展。

（5）面向产品族生命周期的用户典型事件

在体验经济和信息经济时代，事件是用户体验的舞台，产品是事件中的体验道具，用户对产品的记忆与事件发生的场景密切相关，要建立产品族形象个性特征必须分析用户相关的典型事件，建立产品族生命周期中用户与产品族交互的典型事件集合，如图4-8所示。

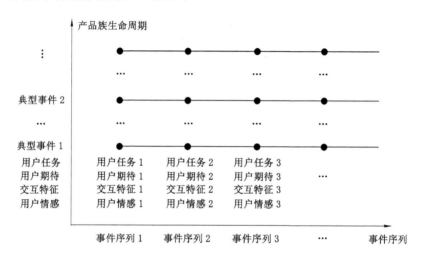

图 4-8　产品族生命周期的典型事件集

典型事件集必须涵盖产品族生命周期中用户与产品族交互的不同阶段。在购买试用—初步使用—短期使用—长期使用—废弃的不同阶段中，产品族的形象特征是动态的，用户与产品族之间经历了陌生—相识—相知—（相爱）—分离的过程，在不同阶段的事件中人与物的匹配就有其自身特性和相应的价值判断标准，即使是在产品废弃这一相对简单的事件中，如果处理不当就有可能极大地削弱产品族的正面形象，对品牌产生负面影响。因此，有必要对产品族生命周期中的典型事件进行系统化分析，确保产品族形象的动态一致性。

事件可以看作是人、产品、他物、他人构成的有序系统，系统构成元素之间相互作用、相互影响，任何一个要素的分析都要以系统的观点去研究。人是事件的主体，缺少了人就缺失了情节发展的对象，物是手段或道具，是为了满足人的目的而存在。不管是有意识还是无意识，卷入事件中的用户都有一定的意图或动机，在任务的引导下根据物的启示进行人机交互，行为与信息是连接人与物的纽带，用户根据自己的行为期待和外界反馈不断自我调整，完成特定事件的体验,产生情感与价值判断。

事件中的用户体征主要包括人的情感状态、认知能力、行为能力和价值标准等四方面的内容,它们相互依存,相互影响。人不可能一直保持高昂的精神状态,我们既要考虑一般情况下用户体验的情形,更要考虑人在低潮时的人机交互特征,一个产品之所以优秀就在于特殊情景下的与众不同。认知能力与行为能力一方面取决于用户的固有特征,这是客观的,不可改变的;另一方面取决于人机交互的条件,即体验的控制性和丰富性,这是相对的,取决于人和物的能力范围匹配性。人的行为可能是有意识的也可能是无意识的,但都有一定的意图,对外界的反馈有一定的期待,根据自己的价值标准进行评判,价值标准是情感产生的基础。通过对产品族生命周期中典型事件集的分析和整理,以用户特征为基础,结合品牌个性、企业产品战略和市场状况,可以进行产品族定位,确定目标用户的触点形象特征。

事件不仅是人与物的作用,大部分事件还包括了人与人的相互关系,即用户和场景中特定人群之间的关系。人是社会人,不可能离开群体而单独存在,他人的存在对用户的行为形成了参照和制约,事件中用户的行为举止需要符合所在"群"或"阶层"的行为规范,即自己的社会形象。由于产品发展的智能化,用户建立起产品的"白箱子"模型存在诸多困难,更多的是"黑箱子"模型,人们不仅相信自己的感觉,更加关注他人的认识和看法,特别是具有类似产品使用经验的人群,或者以他人使用产品的情景作为参照调整或增强自己的产品认知。

事件发生中存在产品与他物、人与他物的相互作用,产品与事件中的它物共同作用,为事件的发生提供物质基础。同时产品与它物之间存在对比与调和的关系,产品形象不能在物的对比中太过突兀,格格不入。反之,如果产品在系统中过于调和,就会淹没在他物之中,用户以他物作为参照,确立产品在系统中的地位。

任何事件都是在特定的空间中随着时间按照事件序列流逝。事件中的空间一方面形成了特定的物理环境,影响人的情感状态、认知及行为能力,并对物的正常工作产生物质性影响;另一方面,事件中的空间弥漫着特定的情感氛围,事件受到文化习俗的影响,形成了社会环境,事件中的人与物促成了这种氛围,同时也受到氛围的制约。

如图 4-8 所示,事件序列是事件发生过程按关键节点的分解,每一个节点都有用户任务、用户期待、交互特征和用户情感反应,节点与节点间的过渡应符合人们思维的惯性和行为的流畅性[176]。节点是产品族形象在点上的具体表现，事件中的产品族形象是按事件序列逐渐充实不断调整的过程，但并非节点形象的简单叠加。随着事件情节的展开，节点与节点的位置不同、内容不同、作用不同。

物要放到事件中去考察，系统中去分析，由点至面，由局部到整体，正是通过对事件序列、事件和事件集的分析与归纳，完成了用户体验研究，产品族形象逐渐显现，为产品族形象个性和产品族形象特征平台的构建奠定基础。

4.5　产品族形象特征平台剖析

产品族形象特征平台是产品族形象设计的核心，是产品族形象个性的体现，是产品族设计语言编码的基础。如图 4-9 所示，产品族形象特征平台设计是以满足用户体验为目的、产品族形象个性为指导、事件为中心、参照系为标杆、品牌设计特征为约束，构建产品族形象特征平台的过程，对产品族形象特征平台的构成及影响要素研究是产品族形象特征平台设计的基础。

4.5.1　产品族形象设计的原型与主题

如图 4-10 所示，主题是产品族形象的理念表达，是设计哲学的体现，原型是主题化的素材，是主题的表达内容，主题与原型共同打造了产品族形象的文化脉络及识别特征，是设计文化的表现形式，是产品族形象特征平台要素分解的基础。

（1）产品族形象的主题

迈往体验之路的第一步和关键的一步就是设立良好定义的主题，而构思拙劣的主题不能为消费者所认同，不能够产生深刻的印象和持久的记忆。主题在文艺作品中被称为主题思想，是通过描绘现实生活和塑造艺术形象表现出的中心思想。在产品族形象设计中，主题是设计理念的凝练和艺术表达，是产品族形象的精髓，缺少主题的设计没有思想和内涵，犹如一盘散沙般莫名其妙、不知所云，主题犹如主线般地统率着题材的选取和设计要素的表达，主题的各种表现形态和构造特征是设计过程中必须解决的重要问题。

主题在哲学、文学、社会学中有不同的分类和表现形式，设计中常用主题包括：技术的主题、功能的主题、形式的主题、价值的主题、情感意向的主题，等等。技术或功能性主题经常运用于技术或功能主导的产品族形象；形式的主题是形

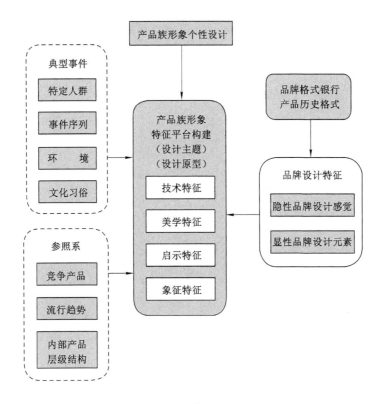

图 4-9 产品族形象特征平台

式题材的归纳,用于形式文化主导的产品族形象;价值的主题是个性文化的体现,用于具有明显价值取向的产品族形象;情感意向主题是以人们的情感诉求为切入点,通过情感体验塑造产品族形象;也有企业以著名设计师的名称作为产品主题。在产品族形象设计中,可以采用单一或多重主题,单一主题通常表达的更加直接、鲜明,多重主题则会从不同的侧面表现产品族形象,有助于多层次、多角度地理解和设计,但是在多概念融合的前提下保持个性鲜明还是比较困难的,多重主题处理不当通常带来主题认识的模糊性。

主题依靠题材进行表达,题材是对素材的提炼和艺术加工,题材中蕴含着主题,但题材并非主题,必须按照一定的叙事结构纳入产品族的形象设计之中。题材的广泛性为主题的表达提供了灵活性,同一主题可以采用不同的题材进行表达,隐喻、换喻、讽喻等叙事结构的不同成为影响和制约主题的重要方面。

主题必须能够调整人们的现实感受,形成独特的体验,主题需要将特定的时间、空间及事件融为一体,通过过程和印象形成整体的个性文化,这种个性文

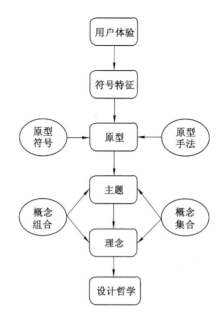

图 4-10　产品族形象特征平台的主题和原型[173]

化是品牌文化和用户个性文化的融合,是产品族形象个性的体现。主题是原型化的形象,原型能够传达一定的意义,易于引起人们的共鸣,有利于形成产品族的感知形象。

(2)产品族形象的原型

原型之所以存在是因为原型能够传达一定的意向,人们借助原型认识事物、表达思想。在认知心理学中,原型是指某类事物或事件的理想化表征,或最具有代表性的典范[174]。人们接受外界信息,依赖已有的知识和经验对于某种特定物体、事件进行识别和归类,这就是原型匹配。原型匹配取决于模式和概念,模式是事物构成元素产生刺激的组合,概念是模式的心理表征及相关知识。

用户在体验过程中与产品族进行信息交换,通过模式识别和概念定义辨别原型,借助原型明确产品族的意向表达。产品族形象的原型不同于产品族原型,前者强调目标用户的识别性,只有能够被目标用户识别才可以被称为产品族形象的原型,而在某些设计中,进行原型选择或运用修辞手法进行原型变换时并没有充分考虑目标用户的认知能力,致使目标用户不能依靠自己的阅历有效地辨认原型,这时原型可以称为产品族的原型或设计师的原型,但不是产品族形象的原型。

荣格说原型可以是一个故事,一个形象,一个过程等等,只要能够传达一定的意向、是一种约定俗成就可以称为原型,所以原型的载体和表达方式是"无限的"。产品族形象的原型可分为文化原型、符号原型、手法原型和结构原型[171]。设计必然起源于一种思想,传达一定的概念,体现品牌文化并能够被目标用户在体验中自然联想并产生共鸣,这就是设计的文化原型;文化原型能够被识别必须借助一定的文字或视觉语言符号,具有象征性的符号被称为符号原型;符号在运用过程中并非一成不变,要进行变形和组合,当成为一种可以辨认的模式,具有一定的内涵,就成为手法原型;结构可以理解为通过符号和手法运用构建的叙述表层结构和关联意向构建的文化深层结构,无论是叙述表层结构还是文化深层结构,当它们符合原型特征时就成为结构原型。产品族形象的原型不仅是一种或几种固有原型的组合,还必须具有原创性的原型,这是一种新的识别模式,由于在产品族不同产品形象中的应用而富有一定的内涵,从而满足了产品族形象的外部识别性和内部一致性要求。

人们在体验中不仅探索过程更要寻求意义,原型不再局限于表层的形式和手法,原型的选择与创立聚焦于深层个性文化的体现,是品牌核心价值与目标用户"触点"形象特征的交集;根据设计理念与表现主题,各种具有个性文化象征的设计元素及变换手法不断地被应用于产品族的形象设计之中。

原型是产品族形象管理的有效工具,但原型在使用中需要置换与变形,变换的关联性体现于原型的形式特征或愿意向特征,通过各种形态修辞手法的应用原型的表现形式更加合理,主题表现更加充分。当积累到一定程度后,原型的变换就具有了新的内涵,即原型具有再生性,再生的原型能够单独使用,是一种文化的积淀和历史的延续,新原型的创立是遗传与变异的结果,是产品族核心理念创新性的体现,是产品族形象特征平台设计的关键内容之一。

4.5.2　产品族形象特征平台的特征要素

产品族形象特征平台的特征要素分析基于产品族的用户体验研究。产品族的用户体验可分为美学体验、启示体验、象征体验和情感体验,情感体验是其他三种体验单独作用或共同作用的结果。因此,在产品族形象特征平台构建中仅考虑了与美学体验、启示体验和象征体验相对应的美学特征、启示特征、象征特征,考虑到技术平台在用户体验中起到的情感暗示作用和表达形式的多样性及无形性,单独抽取技术特征作为产品族形象特征平台的构成要素之一,即产品族形象特征平台的分解要素为技术特征、美学特征、启示特征和象征特征。

（1）技术特征

技术特征是构成产品族形象特征平台的关键技术特征。在产品智能化发展的趋势下，虽然人们无法理解技术原理、技术参数及产品性能的对应关系，但人们关注技术参数，有些时候是不顾实际需求盲目地追求性能参数，无法否认技术特征在用户体验中的情感作用和对产品族形象的影响。

技术特征主要包括性能特征、功能特征、技术原理特征、制造工艺特征及材料构成特征等。性能特征常以客观的性能参数表达，用户经过体验常感知为定性的描述；功能特征由功能设置特征和功能实现特征组成，功能设置特征是客观的有与无的问题，功能实现特征则是功能实现的主观评价；技术原理特征说明产品使用的关键技术原理，在体验中用户可能无法辨别，更多的是一种心理暗示；制造工艺特征是工艺改良特征或新工艺的运用特征，以达到改善产品族品质的目的；材料构成特征是新材料或特种材料的特征，可以明显改善或塑造某种产品族形象。

产品族形象特征平台中的技术特征是相对的，动态的。任何技术都是在一定的社会经济文化发展过程中产生的，有一定的科学技术背景，技术特征是在特定时间内相对于特定对象的，离开了特定产品的参照，离开了特定目标群体，空谈特征是没有意义的。技术特征在产品族生命周期内是动态的，技术在不断地进步和发展，而在产品族中运用的关键技术是相对固定的，在产品族生命周期的时间跨度内，领先的技术逐渐会成为普通的技术，甚至是落后的技术，变更的速度取决于产品技术的类别特征，这不可能不影响用户的体验，影响到产品族的形象。因此，技术特征的构建要放到一定的时间和空间跨度内去考虑。

技术特征构建的关键在于用户"敏感"技术特征的确立，适当的就是最好的，依据用户的个性文化和产品族形象的设计主题，结合产品族的类别特征，在产品族形象构建的系统中进行分析。

（2）启示特征

启示特征是在使用过程中所感受到的产品族交互特征，可用丰富性特征和控制性特征描述。启示特征的构建要保证目标用户自然、流畅地完成人机交互任务，任务分为体验性任务和目标导向任务。在体验性任务中，目标是临时的，基于产品族特征而出现，任务是即时的、创造性的，重在探索体验的丰富性；在目标导向任务中，事件的目标是确定的，交互是为了获取目标，注重任务的成功性和目标获取效率，追求体验的控制性。

丰富性特征是指交互过程中思维、行为和感官的复杂性特征，由外部信息刺激特征、内部信息感觉特征和大脑皮层刺激特征构成。外部信息刺激特征是通过用户感官通道获取的视觉、听觉、触觉、味觉和嗅觉特征及其组合;内部信息感觉特征是通过用户行为获得的本体觉信息特征;大脑皮层刺激特征是信息刺激后形成的认知特征[175]。

控制性特征是基于目标行为与结果的关联特征,主要包括识别性特征、认知性特征、操作性特征和反馈性特征。识别性特征是指产品交互信息在事件中的可辨认性特征;认知性特征是指目标用户根据原有体验和现有知识体系可以理解的交互信息特征;操作性特征是指人机交互的通道及行为方式特征;反馈特征是指反馈信息的内容及形式特征。

产品族的行为特征和外观特征直接影响体验的丰富性特征和控制性特征。产品族的行为特征是产品族行为方式的可能性和产品族的人机交互反馈特性,通过拓展操作范围和操作层次,提高反馈的实时性和表达的多样性,提高体验的丰富性和控制性。产品族的外观特征是产品族的物质表达特征,通过拓展感官通道的范围,提高感官通道的信息质量,增加人机交互的敏感性和生动性,进而提高体验的丰富性和控制性。丰富性特征与控制性特征是相互关联的,通常控制性的加强意味着体验丰富性的提高。

启示特征虽然是产品族形象特征平台特征,但以目标用户和产品族的实时交互为基础,启示特征的设立要考虑两方面的协调性,不可偏颇。同时,丰富性特征和控制性特征构建要符合产品族形象设计的主题,与原型特征相匹配。技术特征与启示特征相互依托,技术特征是启示特征的基础,启示特征则是技术特征的表达方式之一。

(3) 美学特征

美学特征是直接作用于用户感官系统的产品族愉悦性特征。美学特征不仅是用户体验中人—机交互的起点,而且在用户情感体验中占据主导地位。与产品族形象线索的静态线索和动态线索相对应,美学特征可分为静态特征(元素层特征和结构层特征)和动态特征。

美学特征一直是设计探讨的重要内容,是用户和企业关注的焦点,无论是产品改良还是新产品开发,基于美学的产品形式特征变换是企业惯用的竞争策略之一。然而,美学特征的构建不仅在于短期内愉悦用户和竞争市场的成功,同时美学特征还承担着传递个性文化、弘扬品牌个性的作用,形式是短暂的,文化是永恒的、独特的,美学特征要在产品族形象设计的整体系统中去分析和构建。

美学特征的构建要以产品族形象设计的主题为指导,原型为基础。主题是产品族形象设计理念的凝练,美学特征必须与产品族形象的个性特征相匹配,必须体现主题的意图,美学特征是主题在美学上的具体体现,对原型起到约束作用,原型的选择和置换手法要考虑到美学特征的适配性。美学特征必须体现技术特征的定位,有助于体现技术特征;美学特征必须与启示特征相匹配,而启示特征的信息展示内容及展示方式必须体现美学特征。

要在事件中考察美学特征的构建,系统分析作为道具的产品在情节发展中的地位和作用,既要考虑多感官刺激的丰富性、生动性,又要考虑信息通道间的一致性和信息刺激的适度性,合理地分配和协调美学感官刺激特征。相对于技术特征而言,人们更容易形成审美疲劳,特别是在产品族生命周期内,流行时尚的变化、产品自身美学品质的客观变化和人们对美学特征的主观认识变化都会改变原有的美学特征形象,美学特征的构建要考虑在特定时间跨度内"度"与"质"的变化特征,采取合理的表达方式,避免对产品族形象的负面影响。

(4)象征特征

象征由象征符号和象征意义组成。符号的能指和所指之间并无直接的联系,符号为每一位使用成员所熟悉,在使用历史中逐渐形成了内涵,人们根据规则或约定俗成解释象征。象征的背后是观念,观念决定了象征的意义、决定了表现意义的形象、决定了意义与形象之间的联系。

象征特征是目标用户自我象征和群体象征在产品族形象中的投射,由处于表层的符号特征和深层的意义特征构成。意义特征是产品族形象主题的体现,主题是产品族形象表达的基本思想,是目标用户自我形象、群体形象和品牌形象的融合,是产品族形象个性的反映,形成了深层的意义特征。意义特征必须通过设计语言进行表达,体现为特定的元素按照一定的句法规则构建的整体,由符号的自身特征和符号间的句法特征构成,其中原型是人们所熟知的符号集合体,具有传达意义的作用,既有一定的深层意义,又有一定的符号特征,象征特征是在主题指导下原型特征的象征性表现。

象征特征与技术特征、启示特征及美学特征是相辅相成的关系。技术特征体现了功能的象征性、性能的象征性、材料的象征性和科技的象征性,象征特征为技术特征的构建提供依据,特定时空内的技术特征则成为象征符号和象征意义的载体。启示特征的控制性与丰富性象征了人们在执行任务时的认识能力、行为能力及价值标准,控制性的强弱表明了人们对任务的一种态度,是意义特征的体现,而符号特征通过其象征性有助于加强这种感觉,符号特征与意义特征为控制性特征和丰富性特征的构建奠定了基础。美学特征是一种品味、生活方式和价值观的象征,对美的评价本身就是一种个性文化的表达,美学特征与象征特征密不可分,但有些时候人们过于注重对美学形式的追求,而忽视了深层次的意义象征。

4.5.3 面向产品族形象特征平台的典型事件

事件是产品族形象设计与分析的基础,在"4.4.2 产品族形象个性的影响因素"中研究了面向产品族生命周期的用户典型事件,通过事件序列中用户任务、用户期待、交互特征、用户情感的分析和归纳,以典型事件集为基础构造产品族形象个性。本部分内容,侧重典型事件集中点的研究,重点分析事件序列中行为与交互特征对产品族形象特征平台的构成要素影响。

(1) 事件序列中的行为与交互要素

如图 4-11 所示,事件序列中的行为与交互要素包括:用户物理交互、用户情感交互、用户物理反馈、用户情感反馈;产品行动和产品响应;相关产品行动和相关产品响应。

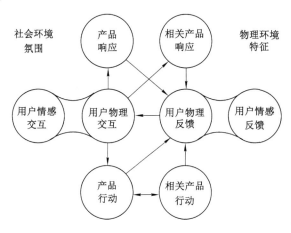

图 4-11　事件序列中的行为与交互模式图[178]

用户物理交互是用户的行为动作,用户情感交互是用户行为动作表现出的情感;用户物理反馈是产品或相关产品的行动或响应所导致的用户行为动作,用户情感反馈是用户物理反馈所表现出的情感;产品行动是用户物理交互所导致的间接结果或者是需要执行用户物理反馈的产品启示,产品响应是用户物理交互导致的产品反应;相关产品行动是产品行动的影响或是需要执行用户物理反馈的启示,相关产品响应是用户物理交互导致的相关产品反应。用户物理交互可能导致产品或相关产品的单一响应、多重响应或无响应[178]。

（2）事件序列的行为与交互模式

事件序列中的行为与交互是用户体验的起点,是产品族形象特征平台的物化表现。

用户物理交互主要取决于启示特征,受到美学特征、技术特征和象征特征的共同影响。用户物理交互的形式与控制性特征的识别性特征、认知性特征和操作性特征密切相关;交互的内容是外部信息刺激特征、内部信息感觉特征和大脑皮层刺激特征综合作用的结果;物理交互离不开感官系统刺激,不可避免地卷入美学特征;技术特征是启示特征的基础,间接地影响用户物理交互;象征特征直接影响交互动机,表现为交互形式和交互内容的选择与处理。

用户情感交互客观上受到操作性特征的影响,取决于产品对用户操作行为的要求;主观上受到美学特征的刺激与象征特征的暗示,在用户行为中表现出不同的情感特征。

用户物理反馈与用户物理交互相类似,但用户交互是主动的,用户反馈是被动的,启示特征对用户物理反馈的制约相对较强。伴随着用户物理反馈的用户情感反馈更多地受到产品族体验的丰富性特征和控制性特征影响,美学特征和象征性特征的影响力相对用户情感交互有所降低。

产品响应与产品行动相类似,为用户的物理反馈和情感反馈提供线索,线索由呈现渠道、表达形式与传递内容构成,体现了以启示特征和技术特征为基础的丰富性特征和控制性特征。

相关产品与产品族是事件序列中物的组成部分,相关产品响应和相关产品行动是产品族形象的参照物,产品族形象特征平台的构建要考虑物与物之间特征的对比与协调。

4.5.4 品牌设计特征

产品族形象设计的目的在于不仅满足用户在产品族体验过程中的个性化需求,还要形成和加深品牌的正面情感。产品族形象设计中的品牌文脉取决于品牌设计特征,即显性品牌设计元素和隐性品牌设计感觉,品牌设计特征是品牌发展过程中的积淀。一个优秀的产品设计师必须对品牌格式银行有深入的了解,对品牌产品的发展历史有全面的认识,充分把握有形的显性品牌设计元素和无形的隐性品牌设计感觉,综合考虑企业内部与外部的产品区隔战略,在品牌设计特征的传承与创新之间取得动态平衡[91]。

（1）显性品牌设计元素

显性品牌设计元素通常是品牌所特有的显性产品形象要素组合，所谓显性要素是指人们可以直接表述的设计元素或者是设计元素的组合，如形状、色彩、表面处理、纹样设计、声音的节奏或旋律等。通过在品牌发展过程中不同产品形象设计中的反复应用，形成了品牌特定联想的物理形态，即一种品牌设计显性原型，体现为可溯性的设计元素[177]。

显性品牌设计元素源于品牌格式银行，是品牌格式特征的一种，具有较强的识别性，用户在品牌产品的体验中能够辨认，并易于留下较深刻的印象，成为品牌认知的线索。通过在产品族形象设计中的再现，能够形成蔓延效应，唤起用户的联想记忆，借助品牌号召力，易于形成良好的用户体验。

显性品牌设计元素的应用遵循一定的规则，在传承与变异之间取得动态平衡。一致的显性品牌设计特征易于形成鲜明的品牌识别线索，形成品牌认知的个性化形象。在另一方面，显性品牌设计元素是一种形象约束，要把握"度"的概念，如果过度使用易于形成守旧、僵化的感觉，易于迷失产品族形象的个性；如果不能妥善处理与技术特征、启示特征、美学特征和象征特征的关系，会直接影响产品族整体形象的协调性，甚至导致用户体验的失败。因此，显性品牌设计元素的应用要在产品族形象的个性和主题指导下，把握显性设计元素的本质特征，进行适当的变形与置换，在应用形式上与时俱进。

通常，显性品牌设计元素的应用与产品族的类别有关，若产品族生命周期较长则显性品牌设计元素的运用表现出较强的传承性；而对于生命周期相对较短的产品族类别，由于产品族形象参照系的变化相对较快，显性品牌设计元素在"量"上相对较少，在应用上以变异为主、传承为辅，侧重于表现品牌所特有的设计感觉[133]。

（2）隐性品牌设计感觉

隐性品牌设计感觉是在产品族形象整体把握基础上对品牌文化和品牌个性的深层次认识，是一种定性描述的感受，甚至是一种只可意会不可言传的感觉，其外在表现形式在不同产品间具有明显的差异性。而显性品牌设计元素是感觉器官可以直接识别的，是表层的、局部的，具有一致性的表现形式。

隐性品牌设计感觉通常用若干个感觉特征进行定性描述，图4-12为隐性品牌设计特征认知模型，A为隐性品牌设计特征表达，R为特征参照物，I为特征解码器。设计师运用隐喻、换喻、讽喻、提喻等修辞手法实现设计特征表达A；

用户在产品体验过程中,通过特征参照物R,运用特征解码器I获得特征的意向感知,一个特征可能有多种表达形式,通过不断地延伸形成整体性的品牌特征形象。

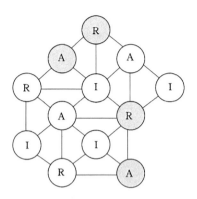

图 4-12　隐性品牌设计特征认知模型[93]

A——隐性品牌设计感觉特征表达;R——特征参照物;I——特征解码器

隐性品牌设计感觉是产品族形象构建中品牌表达的主体,是可识别的、独特的,品牌个性文化和个性特征是隐性品牌设计感觉的基础。但相对显性品牌设计元素,隐性品牌设计感觉在认知上具有一定的模糊性,没有清晰的感官识别性线索,是用户对产品族形象信息进行解码后的意向感知,能否形成良好的隐性品牌设计感觉取决于品牌个性的清晰性、设计编码的合理性及用户解码的正确性。但隐性品牌设计感觉在特征表达的形式上具有较大的空间,有利于多种设计主题的表达,对原型选取的约束性相对较小,易于呈现出锐意创新的设计风格。隐性品牌设计感觉在品牌的不同产品组合间较为稳定,虽然也有变化,但仅限于品牌个性表达的侧重点有所区别,在更广阔的品牌发展历史中隐性品牌设计感觉伴随着品牌文化的发展以传承为主、变异为辅。

显性品牌设计元素与隐性品牌设计感觉根植于品牌格式银行,但有别于格式特征,它们必须应用于产品族形象设计之中,必须映射到产品族形象设计的特征平台构成要素,恰当处理显性品牌设计元素的遗传与变异,合理调整隐性品牌设计感觉是形成品牌文脉,打造良好品牌体验的基础。

4.5.5　产品族形象特征平台的参照系

参照系是产品族形象特征平台构建的参照标准,特征是相比较而言,特征的构建不仅要考虑企业的外部参照标准,如流行趋势、竞争产品等,而且要考虑企业内部的产品区隔策略,分析企业内部的产品层级结构。

(1) 流行趋势

流行是社会公众对设计需要和兴趣的一种特殊表现形式,是以特定时间社会公众的某些需要、兴趣和公共主题为切入点,通过设计加工进行引导和推广,在较短时间内为人们广泛认同的新设计。流行是非理性的,没有美学上的必然联系,流行足以使一切形象合理化,流行的长远作用在于有价值的东西被保留,随着社会的发展逐渐成为传统;同时,流行又是一种短暂的社会或阶层归属感的象征。

流行由开端—发展—高潮—结局构成,分别对应于前卫性设计、领先性设计、普遍性设计和过时性设计,一种流行的式微意味着新流行的孕育和发展,是新一轮设计时尚的开端。产品族形象特征平台构建要以文化流行趋势和产品流行趋势为参照,平衡流行与个性之间的关系。

文化流行趋势是文化趋势中的表层易变部分,文化是深层的、稳定的,受到社会变迁的影响,变化相对较为缓慢,对文化的深入研究和细致了解是进行文化流行趋势研究的基础。由里及表,通过对不同文化表达形式的考察,分析和归纳各种流行符号,了解文化流行的现状和特色,理解和掌握未来的流行趋势,为设计提供特色参考。对文化流行趋势的把握通常借助国际权威机构的研究报告,并结合不同类别的时尚图片进行综合分析。

产品流行趋势是文化流行趋势在产品类别上的体现。产品类别特征是以产品技术和使用需求为基础,在功能、形态与结构方面形成的类别差异性特征,不同的产品类别具有不同的时尚表达形式。在特定时间内,同一类别的产品在设计主题和原型的选择上、在技术特征、美学特征、启示特征和象征特征的表达上具有一定的共性,这种共性在市场中取得成功,并为公众所认可,是流行性的体现。

流行与个性的匹配关系是产品族形象特征平台构建的重要影响因素,是锐意创新、引导潮流,还是稳定发展、平易近人,取决于产品族形象个性和主题表达的需要。要准确预测产品族生命周期内的文化和产品流行趋势,全面考察流行的内容、特征和表现形式,根据产品族形象构建的整体需要合理处理流行与个性的匹配关系,并将流行特征映射于产品族形象特征平台的构成要素。

(2) 竞争产品

竞争产品是产品族形象设计的标杆,只有对竞争产品的个性和形象特征充分了解,才能突出产品族形象的差异性特征,树立个性鲜明的产品族形象,有效落实企业外部区隔策略,真正实现企业产品战略。由于品牌文化、品牌实力和品牌战略的不同,不同的品牌采用了不同的竞争策略,产品的市场成功不仅是企业品牌策略的成功,而且体现了对产品市场及其发展趋势的正确认识和把握。

市场是产品竞争的舞台,要进行产品分析必须结合产品市场的整体表现、构成状况和发展趋势。市场整体表现是指产品大类在产品市场的位置和表现状况;市场构成状况是指构成市场的主要产品、品牌及其份额和市场分布状况;发展趋势是指产品类别和主要竞争产品的发展动向。对市场的整体把握有助于分析市场的主要竞争对手和潜在竞争对手,有助于发现潜在用户和市场需求,有助于产品概念的形成和评价。

竞争产品品牌特征是分析竞争产品形象特征的基础。市场竞争的本质是品牌文化的竞争,要做到知己知彼必须对主要竞争品牌文化的发展历史、现状和未来趋势清楚的认知,对竞争品牌的核心价值、品牌个性及品牌形象有深入的研究,明确对方的诉求点及诉求特征,通过敌我双方共同点和差异性的对比,能够确定品牌竞争的重点,为制订合理的产品策略奠定基础。

竞争产品形象特征是产品族形象特征平台构建的直接参照。采取整体—局部—整体的分析路线,首先确认竞争产品的个性特征,了解目标用户形象的触点特征;进行主题和原型分析,了解特定目标市场中品牌个性和产品个性表达的主题构建特征、原型选择及置换特征;然后,明确竞争产品形象的技术特征、启示特征、美学特征和象征特征,分析产品个性对形象特征变化的敏感性;最后,从竞争产品整体形象构建的角度分析各阶段和各要素的合理性。其中,应特别注意竞争产品识别特征和形象特征的差异性及其成因分析。

竞争产品作为参照是现在和过去的参照,而产品族形象特征平台是未来特定时间内的特征,要结合市场的整体走向和竞争产品的发展趋势进行合理的预测,参照是预测的结果。

（3）内部产品层级结构

内部产品层级结构是某一时间段品牌内部产品的分布结构,是企业基于自身综合条件和对市场个性理解所采取的对策,是品牌识别的要素之一,每一个企业的层级数量和结构分布都是独特的,而企业外部的市场分布在实质上是不可改变的[178]。

品牌的内部层级特征是品牌对市场的独特认识,反映了企业对特定市场的理解,表明了企业内部的产品区隔策略。作为用户的个体永远具有差异性,但并不否认在一定的群体范围内形成某些文化特征或形象特征方面的共性,这为企业进行群体定义和细分市场提供了可能性,不同的企业根据自己的文化特性对目标群体的定义和分类标准有不同的理解,表现为品牌产品的组合特征和产品的关联性特征,即产品的层级结构。

产品层级结构体现了品牌覆盖的广度和深度。产品族的深度层级表现为品牌—产品类别—产品族—产品,依据品牌规模可对产品层级进行再次细分,如品牌—子品牌—产品大类—产品子类——产品族(项目)—产品族(产品线)—产品等;广度是特定产品层级的种类或覆盖面。产品层级结构体现了产品个性和共性之间的差异性细分,不仅是品牌设计文化的体现,而且是品牌核心竞争力和产品竞争策略综合作用的结果。

内部层级结构分析是产品族形象特征平台构建的基础。任何一个设计都要考虑企业的整体资源和生存环境,产品层级结构则是企业核心竞争力和整体策略的集中体现,通过与相近和相邻产品族形象的对比分析,可以明确不同产品族目标用户及竞争对手的关联性和差异性,通过产品族形象个性、主题和原型在产品内部层级结构的映射,分析个性、主题、原型的层级特征,研究不同产品族在技术特征、启示特征、美学特征和象征特征构建方面的异同,避免特征雷同和特征混乱,为产品族形象特征平台的构建提供参照。

4.6　本章小结

通过对产品形象设计和产品族形象设计的现状分析,本章探讨了产品族形象设计的总体思路,提出了基于体验的产品族形象设计框架模型,并对设计的关键问题产品族形象个性和产品族形象特征平台进行了理论分析。

产品族形象设计的根本问题在于形成满意用户体验的同时,铸造用户与品牌的正面情感关系。产品族形象设计具有 Top-Down、系统性、均衡性和平台化的显著特征,产品族形象的构建要遵循沟通性原则、差异性原则和一致性原则。产品族形象设计的总体思路可用体验层、特征层、平台层、语言层和物质层五层模型进行表达,其中特征层和平台层是研究的重点。

基于用户体验,建立了产品族形象设计的框架模型,明确了产品族形象设计中的内容、主要影响因素及递进层次。其中,产品族形象个性设计和产品族形象特征平台构建是产品族形象设计的关键问题。

首先,对产品族形象个性进行解析。以个性和个性特征分析为基础,认为产品族形象个性是用人的个性描述的产品族印象,是一组一致的个性特征,对产品族的内部成员是共性特征,对外部产品是差异性特征;构建并分析了影响产品族形象个性建立的主要因素集合,即目标用户形象特征、品牌核心价值和个性、企业的产品战略、产品格式银行和产品族生命周期中的典型事件集合。

其次,对产品族形象设计的核心——产品族形象特征平台进行剖析,认为产品族形象特征平台由主题、原型和特征要素构成;分析了作为产品族形象设计理念的主题和题材化的原型;基于用户体验,认为特征要素由技术特征、启示特征、美学特征和象征特征构成,对各构成要素进行分析;并对影响产品族形象特征平台构建的典型事件、品牌设计特征和参照系进行了探讨。

5 基于模糊 AHP 的产品族形象个性设计研究

5.1 设计方法与流程

产品族形象个性是产品族形象差异化特征的抽象表达,产品族形象个性设计是确定产品族形象个性的创造性过程,通常位于概念设计的前期阶段,是产品族形象设计的起点。

基于模糊 AHP 的产品族形象个性设计是将模糊数学理论应用于产品族形象个性设计,通过定量与定性相结合的研究方法,较为合理地确立产品族形象个性特征的过程,研究内容和流程如图 5-1 所示。

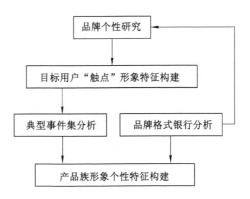

图 5-1 产品族形象个性构建流程

5.1.1 基于产品的品牌形象个性研究

以产品作为品牌形象的载体开展研究,主要包括基础研究(品牌核心价值、个性量表、品牌格式银行)、品牌形象个性调查、品牌形象个性特征分析和基于模糊 AHP 的品牌形象个性表达,研究内容和流程如图 5-2 所示[179]。

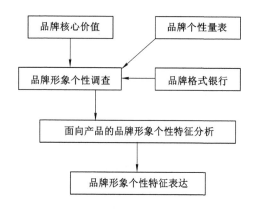

图 5-2 面向产品的品牌形象个性特征研究

（1）基础研究

基础研究是品牌形象个性研究的起点，主要包括三部分内容：

① 品牌核心价值解读。品牌核心价值是企业文化的凝练，通常由企业用文字直接表述。要深入理解品牌核心价值，要以品牌愿景或品牌使命为切入点，结合品牌的发展历史及现状进行剖析。

② 品牌格式银行分析。产品是品牌最诚实的发言人，通过对产品类别特征和产品特征分析，筛选出有代表性的品牌产品，有形的产品与用语言表达的品牌核心价值相结合，有利于把握品牌形象个性。

③ 品牌形象个性量表构建。品牌个性的相关研究丰富，理论模型各具特色，在此使用美国学者 Jenniffer Akaer 依据个性心理学建立的品牌个性量表作为研究基础。Akaer 将原本形容人类个性的各种特征转换成对品牌个性的形容，进行调查、归纳、因子分析后构建了品牌的五个构成维度，可以解释约 93％ 的品牌个性差异，Akaer 于 2001 年进一步考虑了不同地域的文化差异，并对品牌量表进行调整，如表 5-1 所示。

表 5-1　　　　　　　　　　**Akaer(1997,2001)品牌个性量表**[180]

构成维度	个性特征
诚恳 Sincerity	实际的　顾家的　乡土的　正值的　真诚的　真实的　有益的　纯正的　快乐的　友善的　感性的　温暖的　体贴的　亲切的
刺激 Excitement	勇敢的　刺激的　活泼的　冷酷的　年轻的　幻想的　独特的　新潮的　独立的　现代的　有趣的　乐观的　积极的　自由的　可爱的　活力的

表 5-1

构成维度	个性特征
能力 Competence	可靠的 苦干的 安全的 明智的 科技的 团体的 成功的 领导的 自信的 一致的 负责的 庄严的 坚定的
细致 Sophistication	高级的 好看的 魅力的 迷人的 女性的 和缓的 优雅的 浪漫的 时髦的 精细的 奢华的
粗犷 Ruggedness	户外的 男性的 西化的 坚韧的 坚固的 强壮的 活跃的 不加修饰的

（2）品牌形象个性特征调查

基于产品的品牌形象个性调查是为了获取品牌形象个性特征分析的基本数据,分为品牌形象个性特征调查和品牌形象个性特征语义调查两部分内容。

表 5-2　　　　　　　　基于产品的品牌形象个性调查表

品牌核心价值									
产品类别 1			产品类别 2			产品类别 3			…
图片 1	图片 2	…	图片 1	图片 2	…	图片 1	图片 2	…	…
请将上述品牌视为个人,根据自己的印象,选用下列词语描述个性特征,可复选:									
□实际的	□顾家的	□乡土的	□正值的	□真诚的	□真实的	□有益的			
□纯正的	□快乐的	□友善的	□感性的	□温暖的	□体贴的	□亲切的			
□勇敢的	□刺激的	□活泼的	□冷酷的	□年轻的	□幻想的	□独特的			
□新潮的	□独立的	□现代的	□有趣的	□乐观的	□积极的	□自由的			
□可爱的	□活力的	□可靠的	□苦干的	□安全的	□明智的	□科技的			
□团体的	□成功的	□领导的	□自信的	□一致的	□负责的	□庄严的			
□坚定的	□高级的	□好看的	□魅力的	□迷人的	□女性的	□和缓的			
□优雅的	□浪漫的	□时髦的	□精细的	□奢华的	□户外的	□男性的			
□西化的	□坚韧的	□坚固的	□强壮的	□活跃的	□不加修饰的				

① 品牌形象个性特征调查:调查目的是获取品牌形象个性的初步特征,主要内容如表 5-2 所示,由调查参考资料和调查选项两部分构成,调查参考资料包括了文字表述的品牌核心价值和不同类别的代表性产品图片及说明,调查选项由 Akaer 品牌个性量表的个性特征组成。通过调查,对品牌个性特征的频数进

行统计,依据频数由大到小,选取每个品牌构成维度的 5 个个性特征,共 25 个。若某个品牌个性维度较弱,个性特征的频数太低,则品牌个性维度的构成特征可适当减少。

② 品牌形象个性特征语义调查:针对品牌形象个性初步特征,运用 7 点语义标尺进行问卷抽样调查,如表 5-3 所示,通过统计分析获取品牌形象个性特征的显著程度。

表 5-3　　　　　　　　　　品牌形象个性特征语义调查表

品牌核心价值:									
产品类别 1			产品类别 2			产品类别 3			...
图片 1	图片 2	...	图片 1	图片 2	...	图片 1	图片 2	...	...
请将上述品牌视为个人,勾选您认可的个性描述程度,1 为非常不显著,7 为非常显著									
序号	品牌个性特征	1	2	3	4	5	6	7	
1	该品牌的个性是 A								
2	该品牌的个性是 B								
...	...								

(3) 品牌形象个性特征分析与表达

品牌形象个性特征的模糊表达包括构成维度和维度特征两个层次,通过抽样调查,进行归纳、整理而成,具体如下:

① 品牌形象个性构成的模糊表达为:

$$\widetilde{BP} = \{\widetilde{Bp_1}, \widetilde{Bp_2}, \widetilde{Bp_3}, \widetilde{Bp_4}, \widetilde{Bp_5}\} \tag{5-1}$$

其中,$\widetilde{BP}$ 为品牌形象个性集,$\widetilde{Bp_1}$,$\widetilde{Bp_2}$,$\widetilde{Bp_3}$,$\widetilde{Bp_4}$,$\widetilde{Bp_5}$ 为对应于品牌维度诚恳、刺激、能力、细致、粗犷的模糊子集,$\widetilde{Bp_i}$ 从属于 $\widetilde{BP}$ 的模糊隶属度可用 s_Bp_i 表示。

② 品牌形象个性维度构成的模糊表达为:

$$\widetilde{Bp_i} = \{\widetilde{bp_{i1}}, \widetilde{bp_{i2}}, \widetilde{bp_{i3}}, \widetilde{bp_{i4}}, \widetilde{bp_{i5}}\} \quad 1 \leqslant i \leqslant 5 \tag{5-2}$$

其中,$\widetilde{Bp_i}$ 是品牌形象个性维度 i 的模糊集合,$\widetilde{bp_{ij}}$ ($1 \leqslant i \leqslant 5, 1 \leqslant j \leqslant 5$)是 $\widetilde{Bp_i}$ 的模糊个性特征变量。$\widetilde{bp_{ij}}$ 从属于 $\widetilde{Bp_i}$ 的模糊隶属度可用 s_bp_{ij} 表示为

$$s\_bp_{ij} = sem\_bp_{ij}/7 \quad 1 \leqslant i \leqslant 5 \tag{5-3}$$

$$s\_Bp_i = \max(s\_bp_{i1}, s\_bp_{i2}, s\_bp_{i3}, s\_bp_{i4}, s\_bp_{i5})/7 \tag{5-4}$$

其中，sem_bp_{ij} 为品牌形象个性 i 维度 j 特征的 7 点语义标尺问卷调查均值。

5.1.2　目标用户"触点"形象特征研究

要进行产品族形象设计，必须解决为谁设计的问题，即建立目标用户的"触点"形象特征，一是确定目标用户形象特征集的构成元素；二是分析"触点"形象特征之间的重要程度，确定敏感性要素[181]。研究内容和流程如图 5-3 所示。

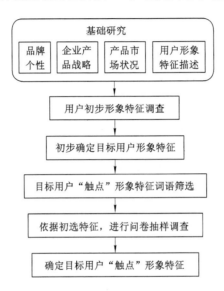

图 5-3　目标用户"触点"形象特征研究

（1）基础研究

基础研究针对目标用户"触点"形象特征的主要影响因素，包括四部分内容：

① 品牌形象个性分析：前文已进行探讨。

② 企业产品战略分析：企业产品战略规划了产品族在企业产品体系结构中的地位和作用，一般用设计任务书的形式明确表达出来。

③ 用户形象特征描述：用户的价值观和生活形态决定了用户形象特征，用户不自觉地遵从价值观行事，价值观在本质上取决于用户核心价值变量，核心价值变量是个性化的和源自内心的。相关研究较多，本研究主要采用以下 19种核心价值变量描述用户形象特征：高尚、自然、简约、激情、经典、安逸、质量、传统、活力、归属感、刺激、服务、自由、创新、新潮、个性、个人效率、明智购物、全

面成本[182]。核心价值变量的具体解释见附录5。

④ 产品市场状况研究：依据企业产品战略，分析产品类别市场和细分市场的总体情况；针对细分市场的主要竞争产品，运用核心价值变量分析用户"触点"形象特征。

（2）目标用户初步形象特征调查

调查的主要目的是获取目标用户的初步形象特征，采取问卷抽样调查方法，主要内容分为两部分：

① 背景材料：采取图文并茂的表达形式，由三部分内容构成，即品牌的基本情况（核心价值和个性特征为重点）、市场状况（市场总体现状、竞争产品及用户形象特征）、产品设计任务书。

② 问卷内容：由描述目标用户的 19 种用户核心价值变量及其解释和 7 点语义标尺组成，如表5-4所示。

表 5-4 目标用户初步形象特征调查表

产品设计任务书：

请勾选目标用户形象特征的描述程度，−3 为非常不可能，0 为中性，3 为非常可能

序号	目标用户形象特征	−3	−2	−1	0	1	2	3
1	高尚：…							
2	自然：…							
…	…							
19	全面成本：…							

（3）目标用户初步形象特征构建

目标用户初步形象特征集可用模糊集合 $\widetilde{CV}$ 表达：

$$\widetilde{CV} = \{\widetilde{cv_1}, \widetilde{cv_2}, \cdots, \widetilde{cv_i}, \cdots, \widetilde{cv_{19}}\} \tag{5-5}$$

$$s\_cv_i = (sem\_cv_i + 4)/7 \quad 1 \leqslant i \leqslant 19 \tag{5-6}$$

其中，$\widetilde{cv_i}(0 \leqslant i \leqslant 19)$ 为核心价值模糊变量，s_cv_i 为 $\widetilde{cv_i}$ 从属于 $\widetilde{CV}$ 的模糊隶属度，sem_cv_i 为核心价值变量 $\widetilde{cv_i}$ 的 7 点语义标尺问卷调查均值，可通过问卷调查得到。

（4）目标用户"触点"形象特征词语筛选

目标用户"触点"形象特征词语筛选是目标用户"触点"形象特征问卷抽样

调查的基础。选取靠近极值(1 和 0)的 $s\_cv_i(0 \leqslant i \leqslant 19)$ 约 4~6 个,则相应的核心价值变量作为用户敏感核心价值变量,以此为基础进行问卷抽样调查,主要内容如表 5-5 所示。

结合用户敏感核心价值变量维度,经分析整理后获得目标用户"触点"形象特征词语约 6~10 个。若词语较分散,且频数较低,可逐步缩小词语筛选范围,进行多次问卷调查。

表 5-5 目标用户"触点"形象特征词语筛选调查表

品牌形象说明:

产品族基本概念说明:

用户核心价值变量	选取 5 个您认为恰当的解释词语填入表中				
核心价值变量 1					
核心价值变量 2					
...					

(5) 目标用户"触点"形象特征构建

针对"触点"形象特征词语进行语义调查,明确用户对"触点"词语的敏感度。问卷调查的内容如表 5-6 所示,问卷调查可采用非概率抽样方法,应注意抽样人群中具有目标用户初步形象特征的人数应不少于总数的 2/3,以保证调查的有效性。

表 5-6 目标用户"触点"形象特征词语语义调查表

品牌形象说明:

产品族基本概念说明:

请选择您认可的目标用户"触点"词语填入表中,并勾选您认可的选项描述程度,1 非常不显著,4 为中性,7 为非常显著

序号	打动用户的"触点"词语	1	2	3	4	5	6	7
1								
2								
...	...							

运用 SPSS 软件对问卷调查中的"触点"形象特征词语进行描述性统计分析,则目标用户"触点"形象特征集 $\widetilde{UP}$ 可表达为

$$\widetilde{UP} = \langle \widetilde{up}_1, \widetilde{up}_2, \cdots, \widetilde{up}_i, \cdots, \widetilde{up}_n \rangle \tag{5-7}$$

其中，$\widetilde{up}_i$（$0 \leqslant i \leqslant n$）表示第 i 个用户"触点"形象特征，n 是用户形象特征的维度。$\widetilde{up}_i$ 从属于 $\widetilde{UP}$ 的模糊隶属度 s_up$_i$ 可表示为

$$s\_up_i = sem\_up_i/7 \quad 1 \leqslant i \leqslant n \tag{5-8}$$

其中，sem_up_i 为 $\widetilde{up}_i$ 对应的语义标尺均值。

5.1.3　面向产品族的典型事件集分析

用户基于事件进行体验，产品在事件中发挥道具作用。典型事件是用户与产品交互的代表性事件，通过典型事件集分析，建立产品族形象初步个性特征。

（1）典型事件集及事件序列分解

通过焦点小组探讨产品族与用户交互的典型事件，构建产品族行为模式图；针对典型事件，采用情景故事法进行概念描述，对关键节点进行分解，构建任务模式图[183]。

（2）基于事件的产品族形象特征调查

在产品族行为模式图和任务模式图的基础上，构建如表 5-7 所示的事件序列分析卡片，情景看板是事件序列场景的形象化描述，卡片中的物理环境、情景氛围、用户任务、交互内容、用户期待由焦点小组确定，产品族形象特征描述通过问卷调查确定。

表 5-7　　　　　　　　　　　事件序列分析卡片

卡片号:$i-j$	事件序列 j: event_o$_{ij}$	事件 i:Event$_i$				
情景看板	物理环境					
	情景氛围					
	用户任务					
	交互内容					
	用户期待					
	产品族形象特征描述					

（3）基于模糊 AHP 的产品族形象个性特征初步构建

基于典型事件集，对典型事件序列卡片进行统计分析，选取频数最高的 n 个词语作为产品族形象个性特征，n 一般取值为 4～6。

　　针对筛选的产品族形象个性特征词语进行语义调查,明确用户对产品族形象个性特征词语的敏感度,问卷调查内容如表 5-8 所示。

表 5-8　　　　　　　　　**产品族形象个性特征词语语义调查表**

品牌形象说明:

产品族基本概念说明:

请根据上述理解,选择您认可的产品族形象特征词语填入表中,并勾选您认可的选项描述程度,1 非常不显著,4 为中性,7 为非常显著

序号	产品族形象个性特征	1	2	3	4	5	6	7
1								
2								
…	…							

　　运用 SPSS 软件对产品族形象个性特征词语进行描述性统计分析,建立基于典型事件集的产品族形象个性初步特征模糊集 $\widehat{E\_PFP}$:

$$\widehat{E\_PFP} = \langle \widehat{E\_Pfp_1}, \widehat{E\_Pfp_2}, \cdots, \widehat{E\_Pfp_n} \rangle \tag{5-9}$$

$$s\_E\_Pfp_i = sem\_E\_Pfp_i/7 \quad 1 \leqslant i \leqslant n \tag{5-10}$$

其中,$\widehat{E\_Pfp_i}(1 \leqslant i \leqslant n)$ 是产品族形象个性初步特征集第 i 个模糊变量,其隶属度为 $s\_E\_Pfp_i$,所对应的语义差分值为 $sem\_E\_Pfp_i$。

　　产品族形象个性特征在运用中仍然比较抽象,需要对每个特征形容词进行分层次解释。通过焦点小组获取个性特征的解释形容词,一般为 4～6 个,然后进行问卷抽样调查,确立特征对解释词语的敏感度,主要内容如表 5-9 所示。

表 5-9　　　　　　　　　**产品族形象个性特征层次描述词语调查表**

产品类别描述:

请选取形容词描述个性特征,并勾选您认可的选项描述程度,1 为极少,7 为完全

个性特征	描述形容词	1	2	3	4	5	6	7
个性特征 1 $\widetilde{Pfp_1}$	形容词1:							
	…	…						
…	…				…			

　　运用统计学软件进行分析整理,可以得到每个个性特征的解释词语及其解

释程度,表达如下:

$$\widetilde{E\_Pfp}_i = \langle \widetilde{E\_pfp}_{i1}, \widetilde{E\_pfp}_{i2}, \cdots, \widetilde{E\_pfp}_{im} \rangle \quad 1 \leqslant i \leqslant n \quad (5\text{-}11)$$

$$s\_E\_pfp_{ij} = sem\_E\_pfp_{ij}/7 \quad 1 \leqslant j \leqslant m \quad (5\text{-}12)$$

其中,$\widetilde{pfp}_{ij}$ 是产品族形象个性特征 $\widetilde{Pfp}_i$ 的模糊变量,其隶属度为 $s\_E\_pfp_{ij}$,$sem\_E\_pfp_{ij}$ 为模糊变量 $\widetilde{E\_pfp}_{ij}$ 对应的语义差分值,m 为解释词语个数。

5.1.4 基于模糊 AHP 的产品族形象个性特征构建

产品族形象个性特征构建的流程和研究内容如图 5-4 所示,包括产品族形象个性初步特征集的校验和调整,以及基于模糊 AHP 的产品族形象个性特征表达两部分内容。

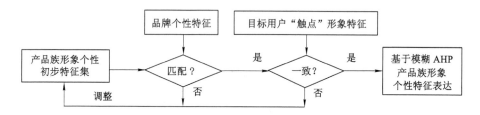

图 5-4 产品族形象个性特征构建流程图

通过焦点小组,进行产品族形象个性初步特征集的校验和调整,工作质量取决于参与人员的经验和对任务的理解,主观性较强。焦点小组成员可由设计、策划或营销人员构成,讨论 $\widetilde{E\_PFP}$ 与 $\widetilde{BP}$ 在模糊变量构成和模糊变量隶属度方面的差异性;探讨 $\widetilde{E\_PFP}$ 与 $\widetilde{UP}$ 的一致性。若差异度较大,应对 $\widetilde{E\_Pfp}_i$ 和 $s\_E\_Pfp_i$ 作适度调整。

经调整后,可得到产品族形象个性特征模糊集 $\widetilde{PFP}$:

$$\widetilde{PFP} = \langle \widetilde{Pfp}_1, \widetilde{Pfp}_2, \cdots, \widetilde{Pfp}_n \rangle \quad 1 \leqslant i \leqslant n \quad (5\text{-}13)$$

$$\widetilde{Pfp}_i = \langle \widetilde{pfp}_{i1}, \widetilde{pfp}_{i2}, \cdots, \widetilde{pfp}_{ij} \rangle \quad 1 \leqslant j \leqslant m \quad (5\text{-}14)$$

其中,$\widetilde{Pfp}_i$ 是第 i 个产品族形象个性特征,其模糊隶属度可用 s_Pfp_i 表示,n 是产品族形象个性特征维度;$\widetilde{pfp}_{ij}$ 是产品族形象个性特征 $\widetilde{Pfp}_i$ 的第 j 个模糊变量,其隶属度为 s_pfp_{ij},m 是第 i 个产品族形象个性特征维度的解释词语数。

5.2 设 计 案 例

设计案例分析仅用以说明基于模糊 AHP 的产品族形象个性设计方法,并非实际的设计项目。通过对国内儿童家具市场调查,结合课题特性,确定以"七彩人生"儿童家具作为研究对象,实施"七彩成长"产品族个性设计研究,主要包括基于模糊 AHP 的"七彩人生"儿童家具品牌个性研究、目标用户"触点"形象特征构建和基于模糊 AHP 的"七彩成长"产品族形象个性构建三部分内容。

5.2.1 面向产品的"七彩人生"品牌形象个性研究

(1) 基础研究

"七彩人生"是国内知名儿童家具品牌,以"让更多孩子拥有更安全、更环保、高品质的家具,帮助更多孩子打造自己喜爱的健康成长空间"为企业使命;品牌内涵为"环保、安全、梦想与爱!",希望满足和支持孩子们健康生活、快乐成长,每个孩子都应拥有自己的七彩人生!"七彩人生"拥有"七彩人生"和"卡乐屋"两个子品牌,包含七彩森林、七彩城堡、七彩空间、七彩频道、王子公主、卡乐屋等六大系列产品,产品特征及典型产品图片见附录 2。

(2)"七彩人生"品牌形象个性初步调查

调查的目的是获取品牌形象个性维度的构成特征,调查采取就近抽样的问卷调查方法,调查内容依据基础研究制定,具体内容见附录 2 和附录 3。调查于 2010 年 7 月 1 日～5 日在徐州、济南、深圳、北京、太原、青岛、中山、商丘等 8 地实施,共发出调查问卷 64 份,收回有效调查问卷 64 份。

经整理后,得到"七彩人生"儿童家具品牌形象个性特征频数,如表 5-10 所示。"七彩人生"在品牌形象个性的"诚恳"与"刺激"维度上表现较强,在"细致"与"粗犷"维度上表现较弱,在"能力"维度上表现较差。在每个维度内,选取四个频数较高的特征作为维度的构成特征,若频数太低则予以舍弃,初步构建了"七彩人生"儿童家具品牌形象个性量表,如表 5-11 所示。

表 5-10　　"七彩人生"儿童家具品牌形象个性特征调查频数统计表

诚恳	频次	刺激	频次	能力	频次	细致	频次	粗犷	频次
实际的	29	勇敢的	2	可靠的	5	高级的	9	户外的	4
顾家的	14	刺激的	1	苦干的	2	好看的	26	男性的	2

诚恳	频次	刺激	频次	能力	频次	细致	频次	粗犷	频次
乡土的	2	活泼的	40	安全的	14	魅力的	7	西化的	22
真诚的	0	冷酷的	0	明智的	1	迷人的	16	坚韧的	2
真实的	17	年轻的	29	科技的	8	女性的	8	坚固的	8
有益的	16	幻想的	31	团体的	6	和缓的	14	强壮的	1
纯正的	12	独特的	20	成功的	3	优雅的	19	活跃的	35
快乐的	45	新潮的	17	领导的	0	浪漫的	23	不加修饰的	2
友善的	21	独立的	3	自信的	16	时髦的	14		
感性的	19	现代的	28	一致的	8	精细的	22		
温暖的	47	有趣的	22	负责的	6	奢华的	11		
体贴的	21	乐观的	26	庄严的	0				
亲切的	33	积极的	19	坚定的	0				
		自由的	21						
		可爱的	45						
		活力的	34						

表 5-11　　　　　　　"七彩人生"儿童家具品牌形象个性量表

构成维度	个性特征			
诚恳	温暖的	快乐的	亲切的	实际的
刺激	活泼的	可爱的	活力的	幻想的
能力	自信的	安全的		
细致	好看的	浪漫的	精细的	
粗犷	活跃的	西化的		

（3）"七彩人生"品牌形象个性特征语义调查

品牌维度构成特征对品牌维度的影响力不同，为进一步探讨品牌维度构成特征对品牌形象个性的影响，实施了品牌形象个性特征语义调查。调查采取就近抽样的问卷调查方法，于 2010 年 7 月 9 日～12 日在徐州、济南、深圳、北京、太原、青岛、中山等 6 地开展，调查问卷见附录 4，共发出调查问卷 52 份，收回有效调查问卷 52 份。

经过数据整理，运用 SPSS 软件进行变量的描述性统计分析，获得"七彩人生"儿童家具品牌形象个性特征的语义描述分布状况,如表 5-12 所示。"好看的""可爱的"均值较高,表明品牌在"刺激"与"细致"维度有突出表现,在"细致"维度上两次调查出现一定的差异性,但"浪漫的"与"精细的"均值较低,表明品牌在"细致"维度上的表现不够均衡;"自信的""安全的"均值较低,且数值接近于正态分布,表明在"能力"维度仍然表现较差。"可爱的""活泼的""精细的"峰度值为正且较高,为尖顶峰,表明数值较为集中;"活泼的""可爱的"偏度为负且数值较高,说明受低端极值影响较大,应考虑进行均值调整,调整后分别为 5.57与 5.76。

表 5-12　　　　"七彩人生"儿童家具品牌形象个性特征语义调查表

特征变量	N		均值	中位数	众数	标准差	偏度	偏度标准差	峰度	峰度标准差	最小值	最大值
	有效	遗失										
温暖的	52	0	5.15	5.00	5	1.055	0.202	0.330	−0.501	0.650	3	7
快乐的	52	0	5.40	5.50	6	1.192	−0.557	0.330	0.081	0.650	2	7
亲切的	52	0	4.92	5.00	5	1.082	−0.035	0.330	0.055	0.650	2	7
实际的	52	0	4.52	5.00	5	1.291	−0.044	0.330	−0.584	0.650	2	7
活泼的	52	0	5.48	5.50	5	1.244	−1.002	0.330	2.046	0.650	1	7
可爱的	52	0	5.67	6.00	6	1.200	−1.453	0.330	3.349	0.650	1	7
活力的	52	0	5.29	5.50	5	1.177	−0.518	0.330	−0.117	0.650	2	7
幻想的	52	0	5.06	5.00	5	1.434	−0.562	0.330	−0.357	0.650	2	7
自信的	52	0	4.33	4.00	4	1.354	−0.185	0.330	0.336	0.650	1	7
安全的	52	0	4.67	5.00	4	1.232	0.139	0.330	−0.187	0.650	2	7
好看的	52	0	5.71	6.00	5	0.977	−0.561	0.330	0.563	0.650	3	7
浪漫的	52	0	4.83	5.00	4[a]	1.642	−0.292	0.330	−0.748	0.650	1	7
精细的	52	0	5.12	5.00	5	1.231	−0.687	0.330	1.123	0.650	1	7
活跃的	52	0	5.17	5.00	5	1.167	−0.505	0.330	−0.167	0.650	2	7
西化的	52	0	5.48	6.00	6	1.260	−0.750	0.330	−0.041	0.650	2	7

注:a 表示显示多个众数中的最小值。

(4)"七彩人生"品牌形象个性特征表达

由公式(5-2)和(5-3),得到"七彩人生"品牌形象个性维度(诚恳、刺激、能力、细致、粗犷)的模糊表达为:

$$\widetilde{Bp_1} = 0.74/温暖的 + 0.77/快乐的 + 0.70/亲切的 + 0.65/实际的$$

$$\widetilde{Bp}_2 = 0.80/活泼的 + 0.82/可爱的 + 0.76/活力的 + 0.72/幻想的$$

$$\widetilde{Bp}_3 = 0.62/自信的 + 0.67/安全的$$

$$\widetilde{Bp}_4 = 0.82/好看的 + 0.69/浪漫的 + 0.73/精细的$$

$$\widetilde{Bp}_5 = 0.74/活跃的 + 0.78/西化的$$

由公式(5-1)和(5-2),得到"七彩人生"品牌形象个性的模糊表达为:

$$\widetilde{BP} = 0.77/诚恳 + 0.82/刺激 + 0.67/能力 + 0.82/细致 + 0.78/粗犷$$

5.2.2 "七彩成长"目标用户"触点"形象特征构建

(1) 基础研究

基础研究包含四部分内容,其中,品牌形象个性特征分析已研究,用户形象特征描述见附录5,企业产品战略和产品细分市场状况如下:

① 企业产品战略:打造"七彩成长"产品族,以家具"成长性"为切入点占领新的细分市场,致力于中国青少年儿童家具第一品牌的营造。"七彩成长"为"七彩人生"子品牌的产品拓展,充分体现家具随儿童生理与心理同步成长的特点,能够满足2~16岁少年儿童的使用要求,成套家具(床屏、床栏、床架、床头柜、书架、书台、双门板、衣柜身、小椅子)售价约8 000~10 000元。

② 产品市场状况:目前我国16岁以下少年儿童有3亿多,约74%的城市少年儿童拥有自己的房间,儿童家具企业已近200家,国内出现了一批儿童家具知名品牌,如多喜爱、喜梦宝、爱心城堡、我爱我家、七彩人生、迪斯乐园、米奇、红苹果、松堡王国、梦幻年华等,国外品牌主要有芙莱莎FLEXA、宜家、哥伦比尼等。部分品牌特征如下:

"宜家"在风格上种类繁多、美观实用,为老百姓提供买得起的家居用品,其宗旨是"为大多数人创造更加美好的日常生活"。

"芙莱莎FLEXA"定位高端,以家具1=1 001种变化触动目标用户。

"多喜爱"追求"给孩子最好的",产品设计更多的体现动感与时尚,开发、启迪和培养青少年的审美观,为改善青少年的居住空间而提供优质的功能空间服务。

"我爱我家"致力于为孩子营造温馨的成长空间,以明快鲜艳的色系为基调,风格独特且清新悦目,男孩女孩款式情理各异,充满灵气。

"迪斯乐园"把"绿色、健康、时尚"作为家具品牌定位,倡导"自然、清新、宁静、快乐"的青少年家居生活新体验。

　　"爱心城堡"倡导从孩子天性出发,主张孩子成长要顺乎其自然本性,在自然中追求"本真",孩子的事情孩子做主,还孩子一个随心所欲的自由空间。

　　"哥伦比尼"家具意在激发孩子的各种奇思妙想,每一件作品都力求表现出一个梦想,一个选择和哥伦比尼家具一起成长的孩子的梦想。

　　(2)"七彩成长"目标用户初步形象特征调查

　　调查的目的是获取"七彩成长"目标用户初步形象特征,调查形式采取以设计师为主体的就近抽样问卷调查,调查问卷见附录 5。于 2010 年 7 月 14 日～20 日在徐州、济南、深圳、北京、太原、青岛、中山、商丘等 8 地实施,共发出调查问卷 64 份,收回有效调查问卷 64 份。

表 5-13　　　　　　"七彩成长"产品族目标用户初步形象特征统计表

特征变量	N		均值	中位数	众数	标准差	偏度	偏度标准差	峰度	峰度标准差	最小值	最大值
	有效	遗失										
自然	64	0	1.27	2.00	2	1.576	−0.908	0.299	0.352	0.590	−3	3
简约	64	0	1.16	1.00	3	1.586	−0.561	0.299	−0.481	0.590	−3	3
明智	64	0	0.72	1.00	3	1.821	−0.283	0.299	−1.134	0.590	−3	3
成本	64	0	0.16	0.00	0	1.664	0.064	0.299	−0.727	0.590	−3	3
激情	64	0	0.22	0.00	0	1.713	−0.430	0.299	−0.599	0.590	−3	3
经典	64	0	1.20	1.00	3	1.427	−0.607	0.299	0.514	0.590	−3	3
安逸	64	0	1.77	2.00	3	1.411	−1.247	0.299	1.318	0.590	−3	3
高尚	64	0	0.61	1.00	3	1.619	−0.515	0.299	−0.241	0.590	−3	3
质量	64	0	1.92	2.00	3	1.199	−0.985	0.299	0.357	0.590	−2	3
传统	64	0	0.67	1.00	2	1.653	−0.520	0.299	−0.765	0.590	−3	3
活力	64	0	2.22	3.00	3	1.119	−2.062	0.299	6.300	0.590	−3	3
归属	64	0	1.91	2.00	3	1.231	−0.818	0.299	−0.440	0.590	−1	3
服务	64	0	1.67	2.00	3	1.142	−0.440	0.299	−0.735	0.590	−1	3
创新	64	0	0.58	1.00	1a	1.582	−0.334	0.299	−0.687	0.590	−3	3
效率	64	0	0.78	1.00	0	1.474	−0.222	0.299	−0.345	0.590	−3	3
刺激	64	0	0.45	1.00	1	1.943	−0.483	0.299	−0.989	0.590	−3	3
自由	64	0	2.11	2.00	3	1.041	−1.184	0.299	1.015	0.590	−1	3
新潮	64	0	0.70	1.00	2	1.949	−0.496	0.299	−0.918	0.590	−3	3
个性化	64	0	1.66	2.00	2	1.493	−1.657	0.299	2.855	0.590	−3	3

a. 显示多个众数中的最小值。

经过数据整理,运用 SPSS 软件进行特征变量的描述性统计分析,获得"七彩成长"目标用户初步形象特征统计表,如表5-13 所示。其中,最为显著的价值特征变量为"活力",其峰度与偏度非常突出,表明数值非常集中,但有低端极值出现,经调整后均值为 2.22;"自由"次之,峰度与偏度较为合理;较为显著的价值特征变量为"质量"与"归属感",但在峰度与偏度表现上不够理想,说明意见较为分散;"安逸"、"服务"与"个性化"次之,但"安逸"在峰度与偏度上表现突出,说明获得的认可度较集中,受左端极值分布的拖累,均值较低;较弱的价值变量为"成本"与"激情"。19 种特征变量的均值为正值,表示目标用户拥有 19种正向的价值。

(3)"七彩成长"目标用户初步形象特征构建

据公式(5-2)和(5-3)对"七彩成长"目标用户初步形象特征调查数据进行分析处理,得到"七彩成长"目标用户初步形象特征模糊集为:

$$\widetilde{CV} = 0.75/自然 + 0.74/简约 + 0.67/明智购物 + 0.59/全面成本 + 0.60/激情 + 0.74/经典 + 0.82/安逸 + 0.66/高尚 + 0.85/质量 + 0.67/传统 + 0.90/活力 + 0.84/归属感 + 0.81/服务 + 0.65/创新 + 0.68/个人效率 + 0.64/刺激 + 0.87/自由自在 + 0.67/新潮 + 0.81/个性化$$

(4)"七彩成长"目标用户"触点"形象特征词语筛选

以"七彩成长"目标用户初步形象特征模糊集为基础,结合初步形象特征描述性统计分析,选取"活力"、"自由自在"、"质量"、"归属感"和"安逸"作为目标用户"触点"核心价值,构建如附录 6 所示的调查问卷,选用词语集由 280 个惯用形象描述词语构成。问卷抽样调查的目的是筛选表述用户核心价值的"触点"词语,采取就近抽样的问卷调查形式,于 2010 年 7 月 24 日~26 日在徐州、济南、深圳、北京、青岛、中山等 6 地实施,共发出调查问卷 52 份,收回有效调查问卷 52 份。

经过数据整理,在每个目标用户"触点"核心价值维度,选取频数最高的 5个词语建立"七彩成长"目标用户"触点"形象特征词语频数分布表,如表5-14所示。可以看出 5 个目标用户"触点"核心价值维度的描绘词语频次均较低,说明在词语选择余地较大的情况下用户对价值变量的描述有较大的差别,有必要进一步缩小目标用户"触点"形象特征词语的选择范围,再次实施调查。

表 5-14   "七彩成长"产品族目标用户"触点"形象特征词语统计表

活力		自由自在		质量		归属感		安逸	
词语	频次	词语	频次	词语	频次	词语	频次	词语	频次
灵巧	20	舒适	11	可靠	26	温馨	17	舒适	13
活泼	19	方便	8	耐用	23	安稳	15	宁静	12
动感	17	开放	8	坚固	17	安全	13	和谐	11
张扬	13	灵活	8	安全	15	舒适	10	安全	10
奔放	12	流线	8	精致	12	独特	8	清新	10
可爱	12					友好	8		
灵活	12								

（5）"七彩成长"目标用户"触点"形象特征语义调查

为进一步确立"触点"形象特征词语，及其对目标用户形象的影响力，实施了"七彩成长"目标用户"触点"形象特征语义调查。调查采取就近抽样的问卷调查方法，于 2010 年 7 月 29 日～8 月 4 日在徐州、济南、北京、青岛、中山、商丘等 6 地开展，调查问卷见附录 7、附录 8，分两次实施调查，分别发出调查问卷 49份与 52 份，分别收回有效调查问卷 49 份与 52 份。

表 5-15   "七彩成长"产品族目标用户"触点"形象特征词语语义调查统计表

特征变量	N		均值	中位数	众数	标准差	偏度	偏度标准差	峰度	峰度标准差	最小值	最大值
	有效	遗失										
舒适	52	0	5.77	6.00	7	1.337	−1.246	0.330	1.873	0.650	1	7
精致	52	0	5.31	6.00	6	1.336	−0.646	0.330	−0.164	0.650	2	7
温馨	52	0	5.83	6.00	6	1.184	−1.717	0.330	4.497	0.650	1	7
安全	52	0	5.79	6.00	6	1.319	−1.407	.330	2.281	0.650	1	7
活泼	52	0	5.73	6.00	6	1.483	−0.789	0.330	−0.658	0.650	1	7
可爱	52	0	5.92	6.00	7	1.169	−0.765	0.330	−0.621	0.650	3	7
独特	52	0	4.88	6.00	6	1.822	−0.490	0.330	−1.109	0.650	1	7
清新	52	0	5.23	6.00	6	1.450	−1.023	0.330	0.591	0.650	1	7

经过数据整理，运用 SPSS 软件进行变量的描述性统计分析，获得"七彩成长"产品族目标用户"触点"形象特征词语语义调查统计表，如表 5-15 所示。"可爱"均值最为突出，统计数据分布较合理；"温馨"其次，但为尖顶峰，且严重左

偏,说明受到低端极值的影响,应予以校正,调整后的均值为 5.92;"安全"、"舒适"与"温馨"的情况类似,但略轻,调整后的均值分别为 5.88 和 5.86。

(6)"七彩成长"产品族目标用户"触点"形象特征构建

据公式(5-7)和(5-8)对表 5-15 数据进行分析处理,得到"七彩成长"产品族目标用户"触点"形象特征模糊集为:

$$\widetilde{UP} = 0.85/可爱 + 0.85/温馨 + 0.84/安全 + 0.84/舒适 + 0.82/活泼$$

5.2.3 面向"七彩成长"产品族的典型事件集分析

(1)典型事件集及事件序列分解

根据用户与产品族交互对产品族形象的影响程度,典型事件集可分为核心事件集和非核心事件集,"七彩成长"产品族的核心事件集主要包括购买和使用阶段的典型事件,非核心事件集主要包括运输、安装、拆卸、包装、回收等,图 5-5 为"七彩成长"产品族的行为模式图。

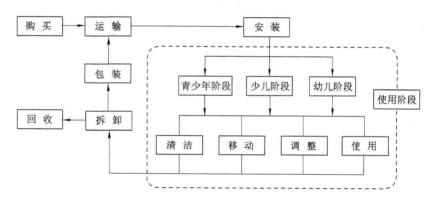

图 5-5 "七彩成长"产品族行为模式图

"七彩成长"产品族涵盖了幼儿、少儿和青少年三个阶段,在不同阶段与用户实体交互的典型事件不同;即使是同一种事件,在不同阶段作为道具的作用和要求也有所不同。由于"七彩成长"产品族所含产品较多,仅以椅子为例进行典型事件集的分析说明。

依据"七彩成长"产品族的行为模式图,采用焦点小组的形式对"七彩成长"椅子所涉及的典型事件和事件序列进行分析、综合,构建典型事件集与典型事件的任务模式图。焦点小组成员包括中国矿业大学工业设计系的教师 3 人和工业设计方向的研究生 9 人,于 2010 年 8 月 5 日～8 日在中国矿业大学艺术楼

B408 实施。首先介绍"七彩成长"产品族的背景情况,然后说明与"七彩成长"椅子相似产品的使用情况,就典型事件开展谈论,进行事件序列分解,制作故事情景看板。经整理归纳后,得到"七彩成长"椅子的典型事件集,如表 5-16 所示,并绘制了相关事件的任务模式图,如图 5-6~图 5-16 所示。

表 5-16 "七彩成长"椅子典型事件统计表

核心典型事件									非核心典型事件		
幼儿阶段			少儿阶段			青少年阶段					
序号	事件	体验主体	序号	事件	体验主体	序号	事件	体验主体	序号	事件	体验主体
1	购买	幼儿及看护者	10	画画	少儿	19	文字性作业	青少年	30	运输	运输人员
2	进餐	幼儿及看护者	11	看儿童书	少儿	20	绘图性作业	青少年	31	安装	安装人员用户
3	涂鸦	幼儿及看护者	12	唱歌	少儿	21	实验性作业	青少年	32	拆卸	拆卸人员
4	独自玩耍	幼儿及看护者	13	独自玩耍	少儿	22	读书	青少年	33	包装	拆卸人员
5	与人游戏	幼儿及他人	14	与他人做游戏	少儿及他人	23	看 MP4	青少年	34	回收	回收人员
6	与他人玩玩具	幼儿及他人	15	与他人玩玩具	少儿及他人	24	玩游戏	青少年			
7	调节	幼儿及看护者	16	调节	少儿	25	讨论问题	青少年及他人			
8	移动	幼儿及看护者	17	移动	少儿	26	下棋	青少年及他人			
9	清洁	幼儿及看护者	18	清洁	少儿	27	调节	青少年			
						28	移动	青少年			
						29	清洁	青少年			

图 5-6~图 5-10 分别为非核心典型事件集中的运输、安装、拆卸、包装和回收任务模式图,事件节点序列较为抽象,可适用于族内不同产品的分析,亦可根

据需求对事件节点进一步分解。

图 5-6　运输任务模式图

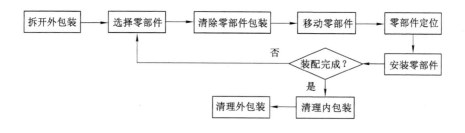

图 5-7　安装任务模式图

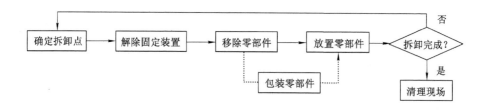

图 5-8　拆卸任务模式图

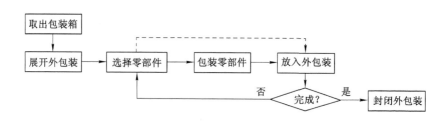

图 5-9　包装任务模式图

图 5-11～图 5-16 分别为核心典型事件集中的用户购买、幼儿使用、少儿与青少年使用、调节、移动和清洁任务模式图。其中,调节、移动和清洁事件节点

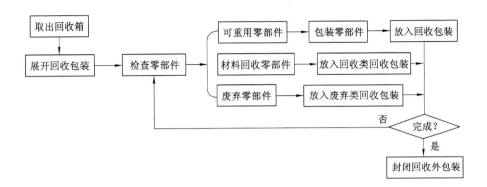

图 5-10 回收任务模式图

序列较为抽象,可适用于族内不同产品的分析,亦可根据需求对事件节点进一步分解。经过适当抽象后,不同事件的任务模式图可能相同,但由于不同事件中体验目的、物理环境和社会氛围的差异,作为体验主体的用户在生理、心理和行为状态方面具有较大的差异性。要构建良好的产品族形象,必须以事件为基础,结合任务模式图,进行典型事件节点的产品族形象特征研究。

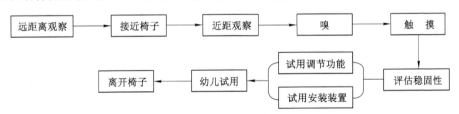

图 5-11 用户购买任务模式图

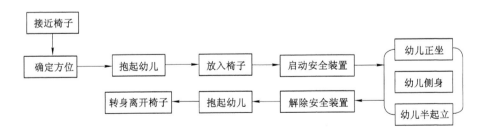

图 5-12 幼儿使用任务模式图

(2)基于典型事件的产品族形象特征调查

依据表 5-15 所示的典型事件集,结合椅子使用的任务模式图,以"七彩成

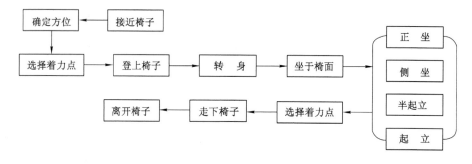

图 5-13 少儿和青少年使用任务模式图

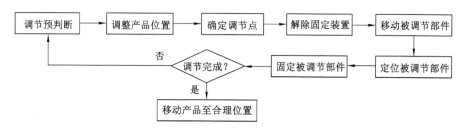

图 5-14 调节任务模式图

图 5-15 移动任务模式图

图 5-16 清洁任务模式图

长"椅子使用过程中的购买、幼儿与他人游戏、少儿画画、青少年调节椅子、安装椅子等五种典型事件为例,构建如表 5-17 所示的事件序列分析卡片,进行事件序列调查分析。其中,购买椅子的过程分析参见附录 9。

表 5-17　　　　　"购买—评估稳固性"事件序列分析卡片

卡片号:1-6	事件序列 6:评估稳固性	事件 1:购买
	物理环境	成套展示产品,一定的人流
	情景氛围	商业展示气息,审慎、嘈杂
	用户任务	评估椅子的牢固性与平衡性
	交互内容	选择施力部位,施加力,获取反馈。重复上述步骤
	用户期待	椅子具有感官吸引力和良好的稳固性,无异常变形、异响、移动、翻转、抖晃等现象
	产品族形象特征描述	

　　事件序列分析的目的是以用户体验为出发点探寻产品族形象特征,在构建典型事件序列分析卡片的基础上,实施事件序列问卷调查。调查采取就近抽样的问卷调查方法,于 2010 年 8 月 10 日~14 日中旬在徐州、济南、深圳、北京、商丘、青岛、中山等 7 地开展,部分调查问卷见附录 9,共发出调查问卷 47 份,收回有效调查问卷 47 份。

　　经过数据整理,在"购买""幼儿与他人游戏""少儿画画""青少年调节椅子""安装"等典型事件中,取频数最高的 8 个词语建立基于典型事件分析的产品族形象特征频数统计表,如表 5-18 所示。依据词语在表中出现的总频数,由高至低,取"便捷""舒适""安全""灵活""稳固""自然"作为基于典型事件集的产品族形象个性特征。

表 5-18　　　　基于典型事件分析的产品族形象特征频数统计表

购买		幼儿与他人游戏		少儿画画		青少年调节		安装	
词语	频数	词语	频数	词语	频数	词语	频数	词语	频数
安全	132	安全	176	舒适	226	便捷	232	便捷	277
可靠	90	舒适	151	稳固	221	舒适	106	安全	93
精致	76	自然	138	安全	163	灵活	105	舒适	86
稳固	71	灵活	128	自然	105	自然	52	自然	50
灵活	71	稳固	104	灵活	101	安全	52	灵活	32
舒适的	70	便捷	122	可靠	58	可靠	24	精致	29

购买		幼儿与他人游戏		少儿画画		青少年调节		安装	
词语	频数	词语	频数	词语	频数	词语	频数	词语	频数
便捷	64	可靠	59	便捷	33	稳固	12	可靠	23
自然	48	温馨	74	温馨	21	温馨	10	节能	9

为进一步明确产品族形象特征词语语义分布,通过焦点小组,进行特征词语解释,构建如附录 10 所示的调查问卷。调查采取就近抽样的问卷调查方法,于 2010 年 8 月 18 日～20 日在徐州、济南、深圳、北京、商丘、青岛、中山等 7 地展开,共发出调查问卷 52 份,收回有效调查问卷 52 份。

经过数据整理,运用 SPSS 软件进行变量的描述性统计分析,获得基于典型事件集的产品族形象特征词语及其解释词语的语义分布状况,如表 5-19～表 5-25 所示。

表 5-19　　　　基于典型事件分析的产品族形象特征语义统计表

特征变量	N		均值	中位数	众数	标准差	偏度	偏度标准差	峰度	峰度标准差	最小值	最大值
	有效	遗失										
便捷	52	0	4.81	5.00	5	1.415	−0.337	0.330	−0.293	0.650	1	7
舒适	52	0	5.63	6.00	6	1.155	−1.374	0.330	3.946	0.650	1	7
安全	52	0	5.71	6.00	6	1.258	−1.270	0.330	2.504	0.650	1	7
灵活	52	0	5.52	6.00	7	1.435	−1.034	0.330	0.962	0.650	1	7
稳固	52	0	5.15	5.00	5[a]	1.243	−0.494	0.330	0.046	0.650	2	7
自然	52	0	4.96	5.00	5	1.495	−0.628	0.330	0.374	0.650	1	7

注:a 表示显示多个众数中的最小值。

在表 5-19 中,最为显著的形象特征为"舒适"与"安全",从统计数据分布看均为尖顶峰,且严重左偏,说明低端极值影响较大,应予以调整,调整后的均值分别为 5.72 和 5.80,其余 4 个词语统计数据分布较为合理。

在表 5-20 中,"容易"的均值最高,为最显著的"便捷"解释词语;其次为"快速",但其为尖顶峰,且左偏较显著,需进行校正,调整后的均值为 5.55,成为最显著的解释词语;"明确"与"简单"的数据分布较为合理。

表 5-20　　　　　产品族形象特征词语"便捷"解释词语语义统计表

特征变量	N		均值	中位数	众数	标准差	偏度	偏度标准差	峰度	峰度标准差	最小值	最大值
	有效	遗失										
简单	52	0	5.08	5.00	6	1.532	−0.747	0.330	0.324	0.650	1	7
快速	52	0	5.46	6.00	6	1.290	−1.051	0.330	1.568	0.650	1	7
容易	52	0	5.52	6.00	6[a]	1.393	−0.969	0.330	0.820	0.650	1	7
明确	52	0	5.12	5.00	6	1.592	−0.802	0.330	0.195	0.650	1	7

注:a 表示显示多个众数中的最小值。

在表 5-21 中,"轻松"的均值最高,为最显著的"舒适"解释词语;其次为"安逸"与"协调",但均为尖顶峰,且左偏较显著,需进行校正,调整后的均值分别为 5.27 和 5.61,"协调"成为最显著的解释词语;"柔和"的数据分布较为合理。

表 5-21　　　　　产品族形象特征词语"舒适"解释词语语义统计表

特征变量	N		均值	中位数	众数	标准差	偏度	偏度标准差	峰度	峰度标准差	最小值	最大值
	有效	遗失										
安逸	52	0	5.19	5.00	6	1.358	−1.096	0.330	1.784	0.650	1	7
轻松	52	0	5.56	6.00	7	1.447	−0.785	0.330	−0.053	0.650	2	7
协调	52	0	5.52	6.00	6	1.379	−1.208	0.330	1.847	0.650	1	7
柔和	52	0	4.69	5.00	6	1.853	−0.567	0.330	−0.478	0.650	1	7

在表 5-22 中,"可靠"与"专业",均为尖顶峰,且左偏较显著,需进行校正,调整后的均值分别为 5.97 和 5.90,"可靠"成为最显著的"安全"解释词语;"诚实"与"内敛"的数据分布较为合理,但解释度较低。

表 5-22　　　　　产品族形象特征词语"安全"解释词语语义统计表

特征变量	N		均值	中位数	众数	标准差	偏度	偏度标准差	峰度	峰度标准差	最小值	最大值
	有效	遗失										
内敛	52	0	3.85	4.00	4	1.638	0.285	0.330	−0.608	0.650	1	7
诚实	52	0	4.23	4.00	3[a]	1.822	−0.033	0.330	−0.767	0.650	1	7
可靠	52	0	5.87	6.00	7	1.387	−1.310	0.330	1.660	0.650	1	7
专业	52	0	5.81	6.00	6	1.138	−1.846	0.330	5.468	0.650	1	7

在表 5-23 中,"活泼"的均值最高,成为最显著的"灵活"解释词语,依据均值大小,词语解释的显著性秩序分别为"矫健"、"张扬"与"随和",其数据分布均较为合理。

在表 5-24 中,"牢固"的均值最高,为最显著的"稳固"解释词语,但为尖顶峰,且左偏较显著,需进行校正,调整后的均值为 5.97;"稳重"与"平衡"次之,"安静"的解释程度最低,三者的数据分布均较为合理。

表 5-23　　　　　　产品族形象特征词语"灵活"解释词语语义统计表

特征变量	N		均值	中位数	众数	标准差	偏度	偏度标准差	峰度	峰度标准差	最小值	最大值
	有效	遗失										
活泼	52	0	5.37	6.00	7	1.597	−0.992	0.330	0.673	0.650	1	7
随和	52	0	4.37	5.00	5	1.669	−0.321	0.330	−0.566	0.650	1	7
矫健	52	0	4.71	4.50	4	1.661	−0.107	0.330	−0.753	0.650	1	7
张扬	52	0	4.62	5.00	4	1.806	−0.579	0.330	−0.455	0.650	1	7

表 5-24　　　　　　产品族形象特征词语"稳固"解释词语语义统计表

特征变量	N		均值	中位数	众数	标准差	偏度	偏度标准差	峰度	峰度标准差	最小值	最大值
	有效	遗失										
牢固	52	0	5.87	6.00	7	1.482	−1.563	0.330	1.925	0.650	1	7
稳重	52	0	5.10	5.00	7	1.729	−0.532	0.330	−0.688	0.650	1	7
平衡	52	0	5.10	5.50	6	1.537	−0.774	0.330	0.130	0.650	1	7
安静	52	0	4.40	4.00	3[a]	1.683	−0.083	0.330	−0.862	0.650	1	7

表 5-25　　　　　　产品族形象特征词语"自然"解释词语语义统计表

特征变量	N		均值	中位数	众数	标准差	偏度	偏度标准差	峰度	峰度标准差	最小值	最大值
	有效	遗失										
天然	52	0	5.48	6.00	7	1.475	−0.857	0.330	0.270	0.650	1	7
清新	52	0	5.83	6.00	6	1.150	−0.854	0.330	−0.149	0.650	3	7
自在	52	0	5.21	6.00	6	1.446	−0.952	0.330	1.210	0.650	1	7
大方	52	0	4.90	5.00	6	1.636	−0.650	0.330	−0.108	0.650	1	7

在表 5-25 中,"清新"的均值最高,成为最显著的"自然"解释词语,依据均值大小,词语解释的显著性秩序分别为"天然"、"自在"与"大方",其数据分布均较

为合理。

(3) 基于模糊 AHP 的产品族形象个性特征初步构建

依据基于典型事件集的产品族形象特征词语及其解释词语分析,可建立产品族形象个性的初步特征集如下:

$$E\_PFP = \{ \widehat{E\_Pfp_1}, \widehat{E\_Pfp_2}, \widehat{E\_Pfp_3}, \widehat{E\_Pfp_4}, \widehat{E\_Pfp_5}, \widehat{E\_Pfp_6} \}$$
$$= 0.69/便捷 + 0.82/舒适 + 0.83/安全 + 0.73/灵活 + 0.74/稳固 + 0.71/自然$$

$$\widehat{E\_Pfp_1} = 0.79/快速 + 0.79/容易 + 0.73/明确 + 0.73/简单$$

$$\widehat{E\_Pfp_2} = 0.80/协调 + 0.79/轻松 + 0.75/安逸 + 0.67/柔和$$

$$\widehat{E\_Pfp_3} = 0.85/可靠 + 0.84/专业 + 0.60/诚实 + 0.55/内敛$$

$$\widehat{E\_Pfp_4} = 0.77/活泼 + 0.67/矫健 + 0.66/张扬 + 0.62/随和$$

$$\widehat{E\_Pfp_5} = 0.85/牢固 + 0.73/稳重 + 0.73/平衡 + 0.63/安静$$

$$\widehat{E\_Pfp_6} = 0.83/清新 + 0.78/天然 + 0.74/自在 + 0.70/大方$$

5.2.4 基于模糊 AHP 的"七彩成长"产品族形象个性构建

产品族形象个性构建包括产品族形象个性初步特征集的校验和调整,以及基于模糊 AHP 的产品族形象个性特征表达两部分内容。

依据 5.2.1～5.2.3 研究结果,建立如表 5-26 所示内容,通过产品族形象个性初步特征集与品牌形象个性特征集、用户"触点"形象特征集的对比分析,得出以下结论:

"便捷"模糊子集在品牌形象个性集和用户"触点"形象特征集中没有明确的对应词语,在典型事件集分析中更多的是从人机交互角度考虑"便捷",其导致的间接效果对应于用户"触点"形象特征集中的"舒适"与"安全",对应于品牌形象个性特征的"能力"维度。因此,不对"便捷"模糊子集进行调整。

"舒适"模糊子集在用户"触点"形象特征集中有直接对应词语,在品牌形象个性集中对应于"诚恳"维度,且影响力相差不大,不对"舒适"模糊子集进行调整。

"安全"模糊子集在用户"触点"形象特征集中有直接对应词语,且影响力基本相同,但在品牌形象个性的"能力"维度中不够显著,考虑到"七彩人生"的企业使命和"七彩成长"产品族设计任务书,不对"安全"模糊子集进行调整。

表 5-26 产品族形象个性特征检验统计表

品牌形象个性特征集			产品族形象个性初步特征集			用户触点形象特征
模糊子集	模糊变量	模糊子集	模糊变量	模糊变量		
0.77/诚恳	0.74/温暖	0.77/快乐	0.69/便捷	0.79/快速	0.79/容易	0.85/可爱
	0.70/亲切	0.65/实际		0.73/明确	0.73/简单	0.85/温馨
0.82/刺激	0.80/活泼	0.82/可爱	0.82/舒适	0.80/协调	0.79/轻松	0.84/安全
	0.76/活力	0.72/幻想		0.75/安逸	0.67/柔和	0.84/舒适
0.67/能力	0.62/自信	0.67/安全	0.83/安全	0.85/可靠	0.84/专业	0.82/活泼
0.82/细致	0.82/好看	0.69/浪漫		0.60/诚实	0.55/内敛	
	0.73/精细		0.73/灵活	0.77/活泼	0.67/矫健	
0.78/粗犷	0.74/活跃	0.78/西化		0.66/张扬	0.62/随和	
			0.74/稳固	0.85/牢固	0.73/稳重	
				0.73/平衡	0.63/安静	
			0.71/自然	0.83/清新	0.78/天然	
				0.74/自在	0.70/大方	

"灵活"模糊子集在用户"触点"形象特征集中对应于词语"活泼",在品牌形象个性集中对应于"刺激"维度。综合考虑,应将"灵活"模糊子集的隶属度提高为 0.83,模糊变量调整为 0.82/活泼、0.82/可爱,0.67/矫健,0.62/随和。

"稳固"模糊子集倾向于性能描述,在用户"触点"形象特征集中无直接对应词语,在品牌形象个性集中对应于"能力"与"粗犷"维度,可将其并入"安全"模糊子集合,并对模糊变量进行调整,则"安全"模糊子集的模糊变量为 0.85/可靠、0.85/稳固、0.60/诚实、0.55/内敛。

"自然"模糊子集在用户"触点"形象特征集中无直接对应词语,在品牌形象个性集中无直接对应关系,在品牌形象个性量表中对应于"诚恳"与"粗犷"维度。综合考虑,将"自然"模糊子集的模糊变量调整为 0.60/清新、0.80/天然,0.80/自在、0.70/大方。

经校验、调整后,可得到产品族形象个性特征模糊集 $\widetilde{PFP}$:

$$\widetilde{PFP} = \{\widetilde{Pfp_1}, \widetilde{Pfp_2}, \widetilde{Pfp_3}, \widetilde{Pfp_4}, \widetilde{Pfp_5}\}$$

$$= 0.69/便捷 + 0.82/舒适 + 0.83/安全 + 0.83/灵活 + 0.71/自然$$

$$\widetilde{Pfp_1} = 0.79/快速 + 0.79/容易 + 0.73/明确 + 0.73/简单$$

$$\widetilde{Pfp_2} = 0.80/协调 + 0.79/轻松 + 0.75/安逸 + 0.67/柔和$$

$$\widetilde{Pfp_3} = 0.85/可靠＋0.85/稳固＋0.60/诚实＋0.55/内敛$$

$$\widetilde{Pfp_4} = 0.82/活泼＋0.82/可爱＋0.67/矫健＋0.62/随和$$

$$\widetilde{Pfp_5} = 0.80/天然＋0.80/自在＋0.70/大方＋0.60/清新$$

5.3　本章小结

将模糊数学理论与层次分析方法相结合应用于产品族形象的个性特征研究,建立了较为合理的产品族形象个性特征研究方法和设计流程,主要包括品牌形象个性研究、目标用户"触点"形象特征构建,典型事件集分析和产品族形象个性特征构建四部分内容。

以产品作为品牌形象的载体开展品牌形象个性研究,通过品牌核心价值、个性量表和品牌格式银行等基础研究,运用问卷抽样调查方法,建立了品牌形象个性的初步特征。运用语义差分法对品牌形象的维度特征进行分析,构建了基于模糊 AHP 的品牌形象个性特征。

以设计任务书为出发点,结合市场总体状况和企业产品战略,通过问卷抽样调查,获取用户核心价值变量,并进行价值变量的特征词语筛选,获得目标用户"触点"形象特征。为获取目标用户"触点"形象特征的影响力,运用语义差分法,建立了目标用户"触点"形象特征模糊集。

通过焦点小组,建立了面向产品族的典型事件集和产品族行为模式图,结合产品族的任务模式图,运用情景故事法,构建事件序列分析卡片,并进行基于事件序列的产品族形象特征调查,建立了产品族形象个性的初步特征。

基于典型事件集,运用语义差分法,建立了产品族形象个性初步特征的模糊集合,通过与品牌个性、目标用户"触点"形象特征的匹配性校验与调整,构建了基于模糊 AHP 的产品族形象个性特征。

为说明研究的可行性和方法的有效性,以"七彩人生"儿童家具品牌为例,实施了"七彩成长"产品族形象个性特征的构建研究。

6　面向体验的产品族形象特征平台构建研究

6.1　构建方法与流程

产品族形象特征平台是产品族中所有产品共有的个性化抽象特征,产品族形象特征平台设计是产品族形象设计的核心,以满足用户体验和品牌体验为目的,以使用情景为基础、参照系为标杆、品牌设计文脉为约束,是产品族形象个性在用户体验维度上的具化,研究架构如图 6-1 所示。

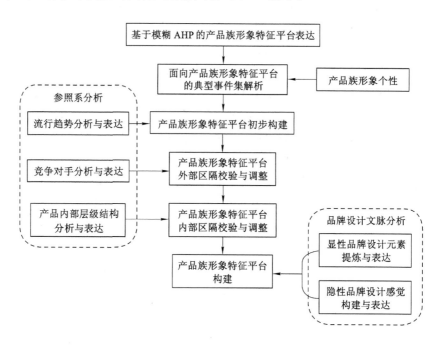

图 6-1　产品族形象特征平台研究架构

6.1.1 基于模糊 AHP 产品族形象特征平台表达

产品族形象特征平台由两部分构成：产品族形象的主题与原型；产品族形象特征平台的特征要素，即技术特征、美学特征、启示特征和象征特征。

(1) 产品族形象的主题与原型表达

产品族形象设计的主题是产品族形象设计的指导思想，通常用简练的词语表述，并加以适当的图文说明。有时，主题会直接呈现为产品族的名称。

原型作为主题化的素材，在设计中可以是一个故事、一个形象、一个过程、一种设计元素等，相对应的载体和表达方式是灵活多样的。

(2) 产品族形象特征平台的特征要素模糊表达

产品族形象特征平台的特征要素构成了模糊集合，可用 $\widetilde{PFIF}$ 表示为：

$$\widetilde{PFIF} = \{\widetilde{TF}, \widetilde{AF}, \widetilde{EF}, \widetilde{SF}\} \tag{6-1}$$

其中，$\widetilde{TF}$、$\widetilde{AF}$、$\widetilde{EF}$、$\widetilde{SF}$ 分别表示产品族形象特征平台的技术特征子集、启示特征子集、美学特征子集和象征特征子集。

① 技术特征子集：由构成产品族形象特征平台的关键性能特征子集、功能特征子集、技术原理特征子集、制造工艺特征子集及材料构成特征子集组成[184]，可用模糊集 $\widetilde{TF}$ 表达为：

$$\widetilde{TF} = \{\widetilde{Tpf}, \widetilde{Tff}, \widetilde{Ttf}, \widetilde{Tmtf}, \widetilde{Tmaf}\} \tag{6-2}$$

其中，$\widetilde{Tpf}, \widetilde{Tff}, \widetilde{Ttf}, \widetilde{Tmtf}, \widetilde{Tmaf}$ 分别是关键性能特征子集、功能特征子集、技术原理特征、制造工艺特征子集及材料构成特征子集，相对应的隶属度分别为 s_Tpf，s_Tff，s_Ttf，s_Tmtf，s_Tmaf。

$$\widetilde{Tpf} = \{\widetilde{tpf}_1, \widetilde{tpf}_2, \cdots, \widetilde{tpf}_i, \cdots\} \tag{6-3}$$

$$\widetilde{Tff} = \{\widetilde{tff}_1, \widetilde{tff}_2, \cdots, \widetilde{tff}_i, \cdots\} \tag{6-4}$$

$$\widetilde{Ttf} = \{\widetilde{ttf}_1, \widetilde{ttf}_2, \cdots, \widetilde{ttf}_i, \cdots\} \tag{6-5}$$

$$\widetilde{Tmtf} = \{\widetilde{tmtf}_1, \widetilde{tmtf}_2, \cdots, \widetilde{tmtf}_i, \cdots\} \tag{6-6}$$

$$\widetilde{Tmaf} = \{\widetilde{tmaf}_1, \widetilde{tmaf}_2, \cdots, \widetilde{tmaf}_i, \cdots\} \tag{6-7}$$

其中，$\widetilde{tpf}_i$，$\widetilde{tff}_i$，$\widetilde{ttf}_i$，$\widetilde{tmtf}_i$，$\widetilde{tmaf}_i$ 分别是第 i 个关键性能特征变量、功能特征变量、技术原理特征变量、制造工艺特征变量及材料构成特征变量，相对应的隶属度分别为 s_tpf_i，s_tff_i，s_ttf_i，s_tmtf_i，s_tmaf_i。

② 启示特征子集:描述产品族形象特征平台的人机交互特性,可分解为丰富性特征子集和控制性特征子集,可用模糊集合 $\widetilde{AF}$ 表示为:

$$\widetilde{AF} = \{\widetilde{ARf}, \widetilde{ACf}\} \tag{6-8}$$

其中,$\widetilde{ARf}$,$\widetilde{ACf}$ 分别是丰富性特征模糊子集和控制性特征模糊子集,相对应的隶属度分别表示为 s_ARf,s_ACf 。

丰富性特征由外部信息刺激特征、内部信息感觉特征和大脑皮层刺激特征构成,控制性特征主要包括识别性特征、认知性特征、操作性特征和反馈性特征,$\widetilde{ARf}$ 和 $\widetilde{ACf}$ 可分别表示为:

$$\widetilde{ARf} = \{\widetilde{Arof}, \widetilde{Arif}, \widetilde{Arbf}\} \tag{6-9}$$

$$\widetilde{ACf} = \{\widetilde{Acif}, \widetilde{Ackf}, \widetilde{Acof}, \widetilde{Acff}\} \tag{6-10}$$

其中,$\widetilde{Arof}$、$\widetilde{Arif}$、$\widetilde{Arbf}$ 分别是外部信息刺激特征模糊子集、内部信息感觉特征模糊子集、大脑皮层刺激特征模糊子集,其对应的隶属度分别表示为 s_Arof、s_Arif、s_Arbf;$\widetilde{Acif}$,$\widetilde{Ackf}$,$\widetilde{Acof}$,$\widetilde{Acff}$ 分别是识别性特征模糊子集、认知性特征模糊子集、操作性特征模糊子集和反馈性特征模糊子集,其对应的隶属度分别表示为 s_Acif、s_Ackf、s_Acof、s_Acff 。

$$\widetilde{Arof} = \{\widetilde{arof}_1, \widetilde{arof}_2, \cdots, \widetilde{arof}_i, \cdots\} \tag{6-11}$$

$$\widetilde{Arif} = \{\widetilde{arif}_1, \widetilde{arif}_2, \cdots, \widetilde{arif}_i, \cdots\} \tag{6-12}$$

$$\widetilde{Arbf} = \{\widetilde{arbf}_1, \widetilde{arbf}_2, \cdots, \widetilde{arbf}_i, \cdots\} \tag{6-13}$$

$$\widetilde{Acif} = \{\widetilde{acif}_1, \widetilde{acif}_2, \cdots, \widetilde{acif}_i, \cdots\} \tag{6-14}$$

$$\widetilde{Ackf} = \{\widetilde{ackf}_1, \widetilde{ackf}_2, \cdots, \widetilde{ackf}_i, \cdots\} \tag{6-15}$$

$$\widetilde{Acof} = \{\widetilde{acof}_1, \widetilde{acof}_2, \cdots, \widetilde{acof}_i, \cdots\} \tag{6-16}$$

$$\widetilde{Acff} = \{\widetilde{acff}_1, \widetilde{acff}_2, \cdots, \widetilde{acff}_i, \cdots\} \tag{6-17}$$

其中,$\widetilde{arof}_i$、$\widetilde{arif}_i$、$\widetilde{arbf}_i$、$\widetilde{acif}_i$,$\widetilde{ackf}_i$,$\widetilde{acof}_i$,$\widetilde{acff}_i$ 分别表示第 i 个外部信息刺激特征模糊变量、内部信息感觉特征模糊变量、大脑皮层刺激特征模糊变量、识别性特征模糊变量、认知性特征模糊变量、操作性特征模糊变量和反馈性特征模糊变量,其对应的隶属度分别表示为 s_arof_i、s_arif_i、s_arbf_i、s_acif_i、s_ackf_i、s_acof_i、s_acff_i 。

③ 美学特征子集:美学特征是直接作用于用户感官系统的产品族愉悦性特

征,与人的感官系统相对应美学特征可分为视觉美学特征、触觉美学特征、听觉美学特征、嗅觉美学特征、味觉美学特征和本体觉美学特征,美学特征子集可用模糊特征集 $\widetilde{EF}$ 表示为:

$$\widetilde{EF} = \{\widetilde{EVf}, \widetilde{ETof}, \widetilde{EHf}, \widetilde{ESf}, \widetilde{ETaf}, \widetilde{EBf}\} \tag{6-18}$$

其中, $\widetilde{EVf}$ 、 $\widetilde{ETof}$ 、 $\widetilde{EHf}$ 、 $\widetilde{ESf}$ 、 $\widetilde{ETaf}$ 、 $\widetilde{EBf}$ 分别是视觉美学特征模糊子集、触觉美学特征模糊子集、听觉美学特征模糊子集、嗅觉美学特征模糊子集、味觉美学特征模糊子集和本体觉美学特征模糊子集。

$\widetilde{EVf}$ 可表示为:

$$\widetilde{EVf} = \{\widetilde{Sha}, \widetilde{Con}, \widetilde{Col}, \widetilde{Mat}, \widetilde{Dec}\} \tag{6-19}$$

$$\widetilde{Sha} = \{\widetilde{sha}_1, \widetilde{sha}_2, \cdots, \widetilde{sha}_i, \cdots\} \tag{6-20}$$

$$\widetilde{Con} = \{\widetilde{con}_1, \widetilde{con}_2, \cdots, \widetilde{con}_i, \cdots\} \tag{6-21}$$

$$\widetilde{Col} = \{\widetilde{col}_1, \widetilde{col}_2, \cdots, \widetilde{col}_i, \cdots\} \tag{6-22}$$

$$\widetilde{Mat} = \{\widetilde{mat}_1, \widetilde{mat}_2, \cdots, \widetilde{mat}_i, \cdots\} \tag{6-23}$$

$$\widetilde{Dec} = \{\widetilde{dec}_1, \widetilde{dec}_2, \cdots, \widetilde{dec}_i, \cdots\} \tag{6-24}$$

其中, $\widetilde{Sha}$ 、 $\widetilde{Con}$ 、 $\widetilde{Col}$ 、 $\widetilde{Mat}$ 、 $\widetilde{Dec}$ 分别是形状特征模糊子集、过渡特征模糊子集、色彩特征模糊子集、材质特征模糊子集和装饰特征模糊子集,其对应的隶属度分别表示为 s_Sha 、 s_Con 、 s_Col 、 s_Mat 和 s_Dec ; $\widetilde{sha}_i$ 、 $\widetilde{con}_i$ 、 $\widetilde{col}_i$ 、 $\widetilde{mat}_i$ 、 $\widetilde{dec}_i$ 分别表示第 i 个形状特征模糊变量、过渡特征模糊变量、色彩特征模糊变量、材质特征模糊变量和装饰特征模糊变量,其对应的隶属度分别表示为 s_sha_i 、 s_con_i 、 s_col_i 、 s_mat_i 和 s_dec_i 。

$\widetilde{ETof}$ 、 $\widetilde{EHf}$ 、 $\widetilde{ESf}$ 、 $\widetilde{ETaf}$ 、 $\widetilde{EBf}$ 分别表示为:

$$\widetilde{ETof} = \{\widetilde{etof}_1, \widetilde{etof}_2, \cdots, \widetilde{etof}_i, \cdots\} \tag{6-25}$$

$$\widetilde{EHf} = \{\widetilde{ehf}_1, \widetilde{ehf}_2, \cdots, \widetilde{ehf}_i, \cdots\} \tag{6-26}$$

$$\widetilde{ESf} = \{\widetilde{esf}_1, \widetilde{esf}_2, \cdots, \widetilde{esf}_i, \cdots\} \tag{6-27}$$

$$\widetilde{ETaf} = \{\widetilde{etaf}_1, \widetilde{etaf}_2, \cdots, \widetilde{etaf}_i, \cdots\} \tag{6-28}$$

$$\widetilde{EBf} = \{\widetilde{ebf}_1, \widetilde{ebf}_2, \cdots, \widetilde{ebf}_i, \cdots\} \tag{6-29}$$

其中, $\widetilde{etof}_i$ 、 $\widetilde{ehf}_i$ 、 $\widetilde{esf}_i$ 、 $\widetilde{etaf}_i$ 、 $\widetilde{ebf}_i$ 分别表示第 i 个触觉美学特征模糊变量、听觉美学特征模糊变量、嗅觉美学特征模糊变量、味觉美学特征模糊变量和本

体觉美学特征模糊变量,其对应的隶属度分别表示为 s_etof_i、s_ehf_i、s_esf_i、s_etaf_i 和 s_ebf_i。

④ 象征特征子集:象征特征由自我象征和群体象征构成,象征特征子集可用模糊集合 $\widetilde{SF}$ 表示为:

$$\widetilde{SF} = \{\widetilde{SSf}, \widetilde{SCf}\} \tag{6-30}$$

$$\widetilde{SSf} = \{\widetilde{ssf}_1, \widetilde{ssf}_2, \cdots, \widetilde{ssf}_i, \cdots\} \tag{6-31}$$

$$\widetilde{SCf} = \{\widetilde{scf}_1, \widetilde{scf}_2, \cdots, \widetilde{scf}_i, \cdots\} \tag{6-32}$$

其中,$\widetilde{SSf}$,$\widetilde{SCf}$ 分别表示自我象征特征模糊子集和群体象征特征模糊子集,其对应的隶属度分别表示为 s_SSf 和 s_SCf;$\widetilde{ssf}_i$ 和 $\widetilde{scf}_i$ 分别表示第 i 个自我象征特征模糊变量和群体象征特征模糊变量,其对应的隶属度分别表示为 s_ssf_i 和 s_scf_i。

6.1.2 产品族形象特征平台初步构建

产品族形象特征平台的初步构建是以流行趋势分析为参照,依据面向产品族形象特征平台的典型事件集分析,初步确定产品族形象特征平台的主题和原型特征,以及特征要素模糊集合 $\widetilde{PFIFprim}$。

(1)流行趋势表达与分析

流行是人们认可的同类产品形象特征要素,产品族形象特征平台构建要以流行趋势为参照,平衡流行与个性之间的关系。流行趋势模糊特征要素集 $\widetilde{VOG}$ 可表示为:

$$\widetilde{VOG} = \{\widetilde{TFvog}, \widetilde{AFvog}, \widetilde{EFvog}, \widetilde{SFvog}\} \tag{6-33}$$

其中,$\widetilde{TFvog}$、$\widetilde{AFvog}$、$\widetilde{EFvog}$、$\widetilde{SFvog}$ 分别是流行技术特征模糊子集、流行启示特征模糊子集、流行美学特征模糊子集和流行象征特征模糊子集。

根据产品族包含产品的类别,收集细分市场主流产品的样本及流行趋势信息,确立各个产品基本信息,通过设计师访谈进行主题、原型、技术特征、启示特征、美学特征和象征特征分析,整理归纳出流行的主题、原型及特征要素集 $\widetilde{VOG}$。

(2)面向产品族形象特征平台的典型事件集分析

以"5.1.3 面向产品族的典型事件集分析"为基础,结合"图4-11 事件序列中的行为与交互模式图",通过焦点小组讨论,构建如表 6-1 所示的映射卡片,其中特征要素为定性表达,焦点小组成员由设计人员构成。

表 6-1　　　"七彩成长"事件序列至产品族形象特征平台映射卡片示例

卡片号:5-4	事件序列 4:放入椅子	事件 5:幼儿与他人游戏

产品族形象个性:0.69/便捷+0.82/舒适+0.83/安全+0.83/灵活+0.71/自然

	物理环境	居家环境,餐厅、客厅或卧室
	情景境氛围	活泼、温馨
	用户任务	舒适、安全地将幼儿放置于座位之上
	用户期待	动作连贯、自然,感觉舒适,不拖碰幼儿,安全、可靠

行为与交互		产品族形象特征平台的特征要素			
名称	内容	技术特征	启示特征	美学特征	象征特征
用户物理交互	移动幼儿至空中适当位置,幼儿身体下降轻触椅面,幼儿坐实于椅面	放置过程安全,参数可调节,幼儿端坐姿态合理、安全,高品质松木	幼儿放置方位与方式视觉表达明确,放置不合理有明确反馈	形态活泼,无异响,无异味,放置方式自然,材质触感舒适,幼儿姿态合理,制作精良	形态与功能体现幼儿使用特点
用户情感交互	轻松移动、谨慎下降、轻柔放置	移动空间开放,无障碍;下降空间小,不磕碰幼儿;幼儿轻触至坐实椅面有一定缓冲	放置定位、缓冲、到位、平衡有明确启示和反馈	形态有亲和感,边角圆滑,材质温馨	安全、可靠、关爱
产品响应	—	—	—	—	—
产品行动	—	—	—	—	—
用户物理反馈	—	—	—	—	—
用户情感反馈	—	—	—	—	—
相关产品响应	—	—	—	—	—
相关产品反馈	—	—	—	—	—

(3)构建基于典型事件集的产品族形象初步特征平台

以映射卡片的整理与分析为基础,结合产品族形象特征平台的流行趋势,界定产品族形象特征平台的主题范围,确立原型选择的基准,构建产品族形象特征平台的特征要素集 $\widetilde{PFIFprim}$ 。则

$$\widetilde{PFIFprim} = \{\widetilde{TFprim}, \widetilde{AFprim}, \widetilde{EFprim}, \widetilde{SFprim}\} \qquad (6\text{-}34)$$

6.1.3　产品族形象特征平台外部区隔校验与调整

竞争产品是产品族形象设计的标杆,只有对竞争产品的个性和形象特征充分了解,才能真正贯彻企业产品战略,有效落实外部区隔策略。构建产品族形象特征平台必须实施以竞争产品为基础的外部区隔校验,并对初步产品族形象特征平台作相应调整。

(1) 竞争对手分析与表达

通过市场总体状况研究和产品族定位分析,明确产品族主要竞争对手,建立竞争产品模糊集 $\widetilde{COMP}$:

$$\widetilde{COMP} = \{\widetilde{comp}_1, \widetilde{comp}_2, \cdots, \widetilde{comp}_i, \cdots\} \qquad (6\text{-}35)$$

通过焦点小组或设计师访谈进行竞争产品 $\widetilde{comp}_i$ 的产品族形象特征平台分析,以初始产品族形象特征平台要素集 $\widetilde{PFIFprim}$ 的维度为基准,构建典型竞争产品 $\widetilde{comp}_i$ 的产品族形象特征平台要素集 $\widetilde{PFIFcomp}_i$ 。

(2) 外部区隔校验与产品族形象特征平台调整

$\widetilde{PFIFprim}$ 与竞争产品族 k 形象特征平台要素集 $\widetilde{PFIFcomp}_k$ 的距离可表示为:

$$D_{comp_k}^{prim} = \left| \widetilde{PFIFprim} - \widetilde{PFIFcomp}_k \right| \qquad (6\text{-}36)$$

若模糊集 $\widetilde{R}$ 与 $\widetilde{R}'$ 具有相同的模糊子集和模糊变量形式,则模糊集 $\widetilde{R}$ 与 $\widetilde{R}'$ 之间的距离可由下式计算:

$$D_R^R = \left[\sum_{i=1}^{n} \sum_{j=1}^{m_i} \sum_{k=1}^{l_{ij}} (s\_R_i * s\_R_{ij} * s\_r_{ijk} - s\_R'_i * s\_R'_{ij} * s\_r'_{ijk})^2 \right]^{1/2} / \sum_{i=1}^{n} \sum_{j=1}^{m_i} l_{ij}$$

$$(6\text{-}37)$$

其中,s_R_i、s_R_{ij}、s_r_{ijk}、$s\_R'_i$、$s\_R'_{ij}$、$s\_r'_{ijk}$ 分别为 $\widetilde{R}$ 与 $\widetilde{R}'$ 模糊子集和模糊变量的隶属度。在实际应用中,可根据模糊子集层级的不同,对公式(6-37)作适当调整。

以外部区隔策略为基础,对初始产品族和竞争产品族的主题和原型进行对比分析,若 $D_{comp_k}^{prim}$ 小于给定的阈值 λ^{comp},则需要对初始产品族形象特征平台进行调整,将 $\widetilde{PFIFprim}$ 调整为 $\widetilde{PFIFcomp-adjust}$,并进行再次校验,直至大于给定的阈值 λ^{comp},λ^{comp} 表示产品族形象特征平台与竞争产品族形象特征平台相似的容忍度。

6.1.4 产品族形象特征平台内部区隔校验与调整

企业内部产品层级结构是企业产品战略的体现,是品牌对市场的独特认识,表明了企业内部的产品区隔策略。为避免实际上的市场区段重叠,就要充分了解定位于相近市场企业内部产品族的个性特征和产品族形象特征平台,明确差异性要素。

(1)内部层级结构分析与表达

通过企业内部产品层级结构分析,定位于相近市场的产品族构成了内部层级产品族模糊集 $\widetilde{INN}$,可表示为:

$$\widetilde{INN} = \{\widetilde{inn}_1, \widetilde{inn}_2, \cdots, \widetilde{inn}_k, \cdots\} \tag{6-38}$$

结合企业产品战略,通过焦点小组或设计师访谈进一步明确产品族之间的差异性特征,以初始产品族形象特征平台要素集 $\widetilde{PFIFcomp-adjust}$ 的维度为基准,归纳整理出 $\widetilde{inn}_k$ 的形象特征平台要素集 $\widetilde{PFIFinn}_k$。

(2)内部区隔校验与产品族形象特征平台调整

内部区隔校验的方法与中外部区隔校验的方法相同,获得 $\widetilde{PFIFcomp-adjust}$ 与 $\widetilde{PFIFinn}_k$ 的距离为 $D_{inn_k}^{comp-adjust}$。

以内部区隔策略为基础,对外部区隔校验后的产品族和内部层级产品族 $\widetilde{inn}_k$ 的主题和原型进行对比分析,若 $D_{inn_k}^{comp-adjust}$ 小于给定的阈值 λ^{inn},则需要对产品族形象特征平台进行调整,将 $\widetilde{PFIFcomp-adjust}$ 调整为 $\widetilde{PFIFinn-adjust}$,并进行再次校验,直至大于给定的阈值 λ^{inn},λ^{inn} 表示产品族形象特征平台特征集与内部产品族形象特征平台特征集相似的容忍度。

6.1.5 产品族形象特征平台确立

产品族形象特征平台的构建不仅要以参照系为基准,而且要体现品牌设计文脉,通过显性品牌设计元素的提炼和隐性品牌设计感觉的构建,调整产品族形象特征平台的特征要素集 $\widetilde{PFIFinn-adjust}$ ，完成产品族形象特征平台的构建。

（1）显性品牌设计元素与隐性品牌设计感觉表达

显性品牌设计元素是通过人的感觉器官可以直接感受到品牌所特有的显性产品形象要素或要素组合，可以用模糊集合 $\widetilde{OBDE}$ 表示为：

$$\widetilde{OBDE} = \langle \widetilde{Vfobde}, \widetilde{Tofobde}, \widetilde{Hfobde}, \widetilde{Sfobde}, \widetilde{Tafobde} \rangle \qquad (6\text{-}39)$$

其中， $\widetilde{Vfobde}$ 、 $\widetilde{Tofobde}$ 、 $\widetilde{Hfobde}$ 、 $\widetilde{Sfobde}$ 、 $\widetilde{Tafobde}$ 分别是显性品牌设计元素模糊集的视觉特征子集、触觉特征子集、听觉特征子集、嗅觉特征子集和味觉特征子集，其构成和隶属度与"产品族形象特征平台的特征要素模糊表达相类似[185]。

隐性品牌设计感觉是对品牌格式银行中典型产品共同感觉特征的定性描述，可以用模糊集合 $\widetilde{HBDF}$ 表示为：

$$\widetilde{HBDF} = \langle \widetilde{dfhbdf_1}, \widetilde{dfhbdf_2}, \cdots, \widetilde{dfhbdf_n} \rangle \qquad (6\text{-}40)$$

其中， $\widetilde{dfhbdf_i}$（ $1 \leqslant i \leqslant n$ ）为 $\widetilde{HBDF}$ 的模糊变量，其隶属度为 $s\_df_i^{hbdf}$ 。

（2）品牌文脉构建

品牌文脉构建包括显性品牌设计元素提炼和隐性品牌设计感觉构建两部分内容。

① 显性品牌设计元素提炼：通过焦点小组，以产品大类为基准，获取品牌产品的代表性图片，提取不同产品共同拥有的视觉、听觉、触觉、嗅觉、味觉等设计元素，结合其显著程度，构建如公式（6-39）所示的模糊显性品牌设计元素集 $\widetilde{OBDE}$ 。

② 隐性品牌设计感觉构建：可参考"5.1.1 基于产品的品牌形象个性研究"，在品牌形象个性特征语义调查表中，按照语义值由高至低，选取 4～6 个词语作为隐性品牌设计感觉模糊变量，并将语义值转化为相应的模糊隶属度。

（3）产品族形象特征平台调整

产品族形象构建是"品牌文脉"传承与创新的动态平衡，必须依据产品族形象个性和设计主题对 $\widetilde{OBDE}$ 和 $\widetilde{HBDF}$ 进行调整。通过设计师焦点小组讨论，可得到调整后的显性品牌设计元素集 $\widetilde{OBDEadjust}$ 和隐性品牌设计感觉集 $\widetilde{OBDEadjust}$ ，经过公式（6-41）运算，获得产品族形象特征平台的特征要素集

$\widehat{PFIFobj}$ 。

$$\widehat{PFIFobj} = \widehat{PFIPinn - adjust} \bigcup \widehat{OBDEadjust} \bigcup \widehat{HBDFadjust} \quad (6\text{-}41)$$

6.2 设 计 案 例

设计案例仅用以说明产品族形象特征平台的研究方法和设计流程,并非实际的设计项目。为保持案例的连续性仍以"七彩人生"儿童家具品牌为研究对象,构建"七彩成长"产品族的形象特征平台。

6.2.1 "七彩成长"产品族形象特征平台初步构建

(1)"七彩成长"产品族细分市场流行趋势分析

依据"七彩成长"设计任务书和产品族个性特征,收集国内儿童家具细分市场主流品牌相关产品资料,如多喜爱、爱心城堡、我爱我家、七彩人生、迪斯乐园、芙莱莎、宜家、格伦比尼、米奇、红苹果、松堡王国、梦幻年华等,运用焦点小组进行流行趋势分析,焦点小组成员包括中国矿业大学工业设计系教师 3 人和工业设计方向研究生 9 人,于 2010 年 8 月 28 日～29 日在中国矿业大学艺术楼 B408 实施。

经分析纳整理,流行主题主要包括情感性主题、个性特征主题、梦想与追求主题等,原型主要包括主题相关的代表性或象征性人、物、地点或事件。部分品牌以主题或原型命名产品族,有利于目标用户的理解。

① 流行技术特征子集 $\widehat{TFvog}$ 主要构成特征如下:

流行关键性能特征:产品安全性、可靠性、稳固性、舒适性和环保性。

流行功能特征:现场安装、拆装、DIY,产品形态具有一定的组合变化,尺寸参数在一定范围内具有可调节性。

流行技术原理特征:模块化技术、32 mm 系统等。

流行制造工艺特征:环保漆涂装、特殊部位加固、五金连接件应用广泛。

流行材料构成特征:高品质实木、环保板材、局部金属或塑料材质。

② 流行启示特征子集 $\widehat{AFvog}$ 主要构成特征如下:

流行丰富性特征:以静态视觉变化为主,辅以适当触觉变化,本体觉变化较为程式化。

流行控制性特征:可控制性特征少,产品使用方式具有良好的自明性,用户使用便捷，反馈信息清晰、直接。

③ 流行美学特征子集 $\widetilde{EFvog}$ 主要构成特征如下：

视觉美学特征：以静态的色彩组合和装饰性图案为主体，色彩组合的对比性强，或为同色系，但饱和度高。

触觉美学特征：木质感突出，触感平滑、柔和。

听觉美学特征：无异常声音，部件移动声音柔和。

嗅觉美学特征：在短期内有一定的异味，长期无异味。

味觉美学特征：无

本体觉美学特征：连贯、自然，具有良好的平衡性。

④ 流行象征特征子集 $\widetilde{SFvog}$ 主要构成特征如下：

流行自我象征：以色彩与图案组合为主要自我象征特征。

流行群体象征：高饱和度的色彩和对比性色彩组合，象征性图案。

（2）面向"七彩成长"产品族形象特征平台的典型事件集分析

用户与作为道具的产品在事件中相互作用，要构建产品族形象特征平台，必须通过用户与产品的行为和交互分析，探讨产品族形象的主题特征和原型特征，将产品族形象个性具化为产品族形象特征平台的特征要素。

以"5.2.3　面向'七彩成长'产品族的典型事件集分析"为基础，通过焦点小组讨论，构建"七彩成长"事件序列至产品族形象特征平台映射卡片，其中特征要素为定性表达。焦点小组成员均参加过"面向'七彩成长'产品族的典型事件集分析"，包括中国矿业大学工业设计系教师 3 人和工业设计方向研究生 9 人，于 2010 年 8 月 23 日～25 日在中国矿业大学艺术楼 B408 实施面向用户体验的典型事件分析，以"七彩成长"椅子使用过程中的购买、幼儿与他人游戏、少儿画画、青少年调节椅子、安装椅子等五种典型事件为例，构建事件序列至产品族形象特征平台映射卡片，具体可参见附录 11（事件 5："幼儿与他人游戏"事件序列的映射卡片）。

（3）初步构建基于典型事件集的"七彩成长"产品族形象特征平台

通过对映射卡片的分析与归纳，焦点小组讨论，获得"七彩成长"产品族形象特征平台的主题限定条件和原型选择基准分别为：

主题：体现儿童成长天性。

原型：自然界中的局部系统，适用于幼儿、少儿和青少年三个阶段。

基于映射卡片特征要素分析，由公式（6-1）～（6-32）得到"七彩成长"形象特征平台的特征要素集为：

$$\widetilde{PFIFprim} = 1/\widetilde{TFprim} + 0.8/\widetilde{AFprim} + 0.9/\widetilde{EFprim} + 0.8/\widetilde{SFprim}$$

$$\widetilde{TFprim} = 1/\widetilde{Tpf} + 0.9/\widetilde{Tff} + 1/\widetilde{Ttf} + 0.8/\widetilde{Tmtf} + 0.8/\widetilde{Tmaf}$$

$$\widetilde{Tpf} = 1/可靠性 + 1/稳固性 + 0.8/耐久性$$

$$\widetilde{Tff} = 1/DIY + 0.9/成长性$$

$$\widetilde{Ttf} = 1/产品族物理平台技术$$

$$\widetilde{Tmtf} = 1/环保水性漆涂装 + 0.7/连接特殊加固处理 + 0.8/防滑处理$$

$$\widetilde{Tmaf} = 0.9/高品质松木 + 0.8/局部 E1 级环保板材$$

$$\widetilde{AFprim} = 0.4/\widetilde{ARf} + 0.6/\widetilde{ACf}$$

$$\widetilde{ARf} = 0.5/\widetilde{Arof} + 0.5/\widetilde{Arif} + 0.2/\widetilde{Arbf}$$

$$\widetilde{Arof} = 0.6/视觉 + 0.4/触觉$$

$$\widetilde{Arif} = 0.4/本体觉$$

$$\widetilde{Arbf} = 0.2/理性思维$$

$$\widetilde{ACf} = 1/\widetilde{Acif} + 1/\widetilde{Ackf} + 0.9/\widetilde{Acof} + 0.8/\widetilde{Acff}$$

$$\widetilde{Acif} = 1/清晰 + 0.8/本能$$

$$\widetilde{Ackf} = 0.9/简单 + 0.2/使用经验$$

$$\widetilde{Acof} = 0.8/自然 + 0.8/便捷$$

$$\widetilde{Acff} = 0.9/清晰 + 0.6/多感官通道$$

$$\widetilde{EFprim} = 1/\widetilde{EVf} + 0.9/\widetilde{ETof} + 0.8/\widetilde{EHf} + 1/\widetilde{ESf} + 0/\widetilde{ETaf} + 1/\widetilde{EBf}$$

$$\widetilde{EVf} = 0.9/\widetilde{Sha} + 0.6/\widetilde{Con} + 0.7/\widetilde{Col} + 0.7/\widetilde{Mat} + 0.7/\widetilde{Dec}$$

$$\widetilde{Sha} = 0.9/活泼 + 0.8/可爱 + 0.7/质朴$$

$$\widetilde{Con} = 0.9/圆滑 + 0.8/和谐$$

$$\widetilde{Col} = 0.8/木质原色 + 0.8/点缀色彩 + 0.7/清新 + 0.6/自然 + 0.8/活泼$$

$$\widetilde{Mat} = 0.8/原木肌理 + 0.7/自然 + 1/亚光$$

$$\widetilde{Dec} = 1/局部可变换装饰物$$

$$\widetilde{ETof} = 1/木质 + 0.8/平滑$$

$$\widetilde{EHf} = 0.9/\text{移动部件声音柔和} + 0/\text{异常响声}$$

$$\widetilde{ESf} = 0.1/\text{异味}$$

$$\widetilde{ETaf} = \varnothing$$

$$\widetilde{EBf} = 1/\text{静态舒适} + 0.8/\text{动作自然}$$

$$\widetilde{SFprim} = 1/\widetilde{SSf} + 0.8/\widetilde{SCf}$$

$$\widetilde{SSf} = 0.8/\text{功能} + 0.7/\text{形态}$$

$$\widetilde{SCf} = 0.9/\text{与年龄相符的审美特征}$$

6.2.2 "七彩成长"产品族形象特征平台外部区隔校验与调整

依据"七彩成长"产品族设计任务书,结合"七彩成长"产品族个性特征,以我爱我家、多喜爱、芙莱莎、哥伦比尼的相关产品为主要竞争对手,运用焦点小组进行外部区隔校验和产品族形象特征平台调整。焦点小组成员包括中国矿业大学工业设计系的教师 3 人和工业设计方向的研究生 9 人,于 2010 年 9 月 6 日～8 日在中国矿业大学艺术楼 B408 实施"七彩成长"产品族形象特征平台外部区隔校验。

(1) 竞争对手分析

经分析整理,依据"七彩成长"产品族形象特征初步平台,构建如表 6-2 所示的竞争产品族形象特征平台。

表 6-2   "七彩成长"产品族主要竞争对手形象特征平台分析

模糊集	我爱我家 $comp_1$	多喜爱 $comp_2$	芙莱莎 $comp_3$	哥伦比尼 $comp_4$
主题	情感与象征性主题	情感与象征性主题	变化	梦想
原型	关联典型物品的色彩与图案	情感关联典型对象色彩	娱乐与学习空间的功能需求	梦想相关联代表性物品的色彩与形状
$\widetilde{PFIFcomp}$	$0.7/\widetilde{TFcomp_1} +$ $0.7/\widetilde{AFcomp_1} +$ $0.9/\widetilde{EFcomp_1} +$ $0.8/\widetilde{SFcomp_1}$	$0.7/\widetilde{TFcomp_2} +$ $0.7/\widetilde{AFcomp_2} +$ $0.9/\widetilde{EFcomp_2} +$ $0.8/\widetilde{SFcomp_2}$	$1/\widetilde{TFcomp_1} + 0.9$ $/\widetilde{AFcomp_1} + 0.7/$ $\widetilde{EFcomp_1} + 0.7/$ $\widetilde{SFcomp_1}$	$0.8/\widetilde{TFcomp_4} +$ $0.7/\widetilde{AFcomp_4} +$ $0.9/\widetilde{EFcomp_4} +$ $0.8/\widetilde{SFcomp_4}$

模糊集	我爱我家 $comp_1$	多喜爱 $comp_2$	芙莱莎 $comp_3$	哥伦比尼 $comp_4$
主题	情感与象征性主题	情感与象征性主题	变化	梦想
原型	关联典型物品的色彩与图案	情感关联典型对象色彩	娱乐与学习空间的功能需求	梦想相关联代表性物品的色彩与形状
$\widetilde{TF}comp$	$0.7/\widetilde{Tpf}+0.7/\widetilde{Tff}+0.6/\widetilde{Ttf}+0.7/\widetilde{Tmtf}+0.7/\widetilde{Tmaf}$	$0.7/\widetilde{Tpf}+0.7/\widetilde{Tff}+0.6/\widetilde{Ttf}+0.7/\widetilde{Tmtf}+0.7/\widetilde{Tmaf}$	$0.9/\widetilde{Tpf}+1/\widetilde{Tff}+0.9/\widetilde{Ttf}+0.9/\widetilde{Tmtf}+1/\widetilde{Tmaf}$	$0.8/\widetilde{Tpf}+0.7/\widetilde{Tff}+0.7/\widetilde{Ttf}+0.9/\widetilde{Tmtf}+0.8/\widetilde{Tmaf}$
$\widetilde{Tpf}$	0.9/可靠性+1/稳固性+0.6/耐久性	0.9/可靠性+1/稳固性+0.6/耐久性	1/可靠性+1/稳固性+1/耐久性	1/可靠性+1/稳固性+0.9/耐久性
$\widetilde{Tff}$	0.7/DIY+0.3/成长性	0.7/DIY+0.3/成长性	1/DIY+0.8/成长性	0.8/DIY+0.3/成长性
$\widetilde{Ttf}$	0.5/产品族物理平台技术	0.5/产品族物理平台技术	0.9/产品族物理平台技术	0.7/产品族物理平台技术
$\widetilde{Tmtf}$	0.8/环保水性漆涂装+0.7/连接特殊加固处理+0.8/防滑处理	0.8/环保水性漆涂装+0.7/连接特殊加固处理+0.8/防滑处理	1/环保水性漆涂装+1/连接特殊加固处理+1/防滑处理	0.9/环保水性漆涂装+0.8/连接特殊加固处理+0.8/防滑处理
$\widetilde{Tmaf}$	0.6/高品质松木+0.8/局部 E1 级环保板材	0.6/高品质松木+0.8/局部 E1 级环保板材	1/高品质松木+1/局部 E1 级环保板材	0.6/高品质松木+1/局部 E1 级环保板材
$\widetilde{AF}comp$	$0.4/\widetilde{ARf}+0.8/\widetilde{ACf}$	$0.4/\widetilde{ARf}+0.8/\widetilde{ACf}$	$0.6/\widetilde{ARf}+0.7/\widetilde{ACf}$	$0.5/\widetilde{ARf}+0.8/\widetilde{ACf}$
$\widetilde{ARf}$	$0.4/\widetilde{Arof}+0.5/\widetilde{Arif}+0.1/\widetilde{Arbf}$	$0.4/\widetilde{Arof}+0.5/\widetilde{Arif}+0.1/\widetilde{Arbf}$	$0.5/\widetilde{Arof}+0.7/\widetilde{Arif}+0.3/\widetilde{Arbf}$	$0.4/\widetilde{Arof}+0.5/\widetilde{Arif}+0.1/\widetilde{Arbf}$
$\widetilde{Arof}$	0.3/视觉+0.2/触觉	0.3/视觉+0.2/触觉	0.4/视觉+0.2/触觉	0.3/视觉+0.2/触觉
$\widetilde{Arif}$	0.3/本体觉	0.3/本体觉	0.5/本体觉	0.3/本体觉
$\widetilde{Arbf}$	0/理性思维	0/理性思维	0.2/理性思维	0/理性思维

模糊集	我爱我家 $comp_1$	多喜爱 $comp_2$	芙莱莎 $comp_3$	哥伦比尼 $comp_4$
主题	情感与象征性主题	情感与象征性主题	变化	梦想
原型	关联典型物品的色彩与图案	情感关联典型对象色彩	娱乐与学习空间的功能需求	梦想相关联代表性物品的色彩与形状
$\widetilde{ACf}$	$0.9/\widetilde{Acif}+0.9/\widetilde{Ackf}+0.7/\widetilde{Acof}+0.8/\widetilde{Acff}$	$0.9/\widetilde{Acif}+0.9/\widetilde{Ackf}+0.7/\widetilde{Acof}+0.8/\widetilde{Acff}$	$0.8/\widetilde{Acif}+0.7/\widetilde{Ackf}+0.7/\widetilde{Acof}+0.8/\widetilde{Acff}$	$0.9/\widetilde{Acif}+0.9/\widetilde{Ackf}+0.7/\widetilde{Acof}+0.8/\widetilde{Acff}$
$\widetilde{Acif}$	1/清晰＋0.8/本能	1/清晰＋0.8/本能	1/清晰＋0.7/本能	1/清晰＋0.8/本能
$\widetilde{Ackf}$	0.9/简单＋0.1/使用经验	0.9/简单＋0.1/使用经验	0.8/简单＋0.3/使用经验	0.9/简单＋0.1/使用经验
$\widetilde{Acof}$	0.9/自然＋0.9/便捷	0.9/自然＋0.9/便捷	0.8/自然＋0.7/便捷	0.9/自然＋0.9/便捷
$\widetilde{Acff}$	0.9/清晰＋0.6/多感官通道	0.9/清晰＋0.6/多感官通道	0.9/清晰＋0.7/多感官通道	0.9/清晰＋0.6/多感官通道
$\widetilde{EFcomp}$	$1/\widetilde{EVf}+0.7/\widetilde{ETof}+0.7/\widetilde{EHf}+0.7/\widetilde{ESf}+1/\widetilde{EBf}$	$1/\widetilde{EVf}+0.7/\widetilde{ETof}+0.7/\widetilde{EHf}+0.7/\widetilde{ESf}+1/\widetilde{EBf}$	$1/\widetilde{EVf}+0.9/\widetilde{ETof}+0.7/\widetilde{EHf}+0.7/\widetilde{ESf}+1/\widetilde{EBf}$	$1/\widetilde{EVf}+0.7/\widetilde{ETof}+0.7/\widetilde{EHf}+0.7/\widetilde{ESf}+1/\widetilde{EBf}$
$\widetilde{EVf}$	$0.7/\widetilde{Sha}+0.6/\widetilde{Con}+0.8/\widetilde{Col}+0.6/\widetilde{Mat}+0.6/\widetilde{Dec}$	$0.7/\widetilde{Sha}+0.6/\widetilde{Con}+0.8/\widetilde{Col}+0.6/\widetilde{Mat}+0.6/\widetilde{Dec}$	$0.7/\widetilde{Sha}+0.7/\widetilde{Con}+0.5/\widetilde{Col}+1/\widetilde{Mat}+0/\widetilde{Dec}$	$0.9/\widetilde{Sha}+0.7/\widetilde{Con}+1/\widetilde{Col}+0.6/\widetilde{Mat}+0.7/\widetilde{Dec}$
$\widetilde{Sha}$	0.7/活泼＋0.7/可爱＋0.2/质朴	0.8/活泼＋0.7/可爱＋0.2/质朴	0.6/活泼＋0.5/可爱＋0.9/质朴	0.9/活泼＋0.8/可爱＋0.1/质朴
$\widetilde{Con}$	0.7/圆滑＋0.7/和谐	0.7/圆滑＋0.7/和谐	0.9/圆滑＋0.8/和谐	0.9/圆滑＋0.8/和谐

模糊集	我爱我家 $comp_1$	多喜爱 $comp_2$	芙莱莎 $comp_3$	哥伦比尼 $comp_4$
主题	情感与象征性主题	情感与象征性主题	变化	梦想
原型	关联典型物品的色彩与图案	情感关联典型对象色彩	娱乐与学习空间的功能需求	梦想相关联代表性物品的色彩与形状
$\widetilde{Col}$	0/木质原色＋0.8/点缀色彩＋0.6/清新＋0.6/自然＋0.7/活泼	0/木质原色＋0.8/点缀色彩＋0.5/清新＋0.5/自然＋0.8/活泼	0.9/木质原色＋0/点缀色彩＋0.8/清新＋1/自然＋0.2/活泼	0/木质原色＋0.8/点缀色彩＋0.2/清新＋0.5/自然＋1/活泼
$\widetilde{Mat}$	0/原木肌理＋0/自然＋1/亚光	0/原木肌理＋0/自然＋1/亚光	0.9/原木肌理＋0.8/自然＋1/亚光	0/原木肌理＋0/自然＋1/亚光
$\widetilde{Dec}$	0/局部可变换装饰物	0/局部可变换装饰物	0/局部可变换装饰物	0/局部可变换装饰物
$\widetilde{ETof}$	0.8/木质＋1/平滑	0.8/木质＋1/平滑	1/木质＋1/平滑	0.8/木质＋1/平滑
$\widetilde{EHf}$	0.8/移动部件声音柔和＋0/异常响声	0.8/移动部件声音柔和＋0/异常响声	0.9/移动部件声音柔和＋0/异常响声	0.9/移动部件声音柔和＋0/异常响声
$\widetilde{ESf}$	0.2/异味	0.2/异味	0.1/异味	0.1/异味
$\widetilde{ETaf}$	∅	∅	∅	∅
$\widetilde{EBf}$	0.7/静态舒适＋0.6/动作自然	0.7/静态舒适＋0.6/动作自然	1/静态舒适＋0.9/动作自然	0.7/静态舒适＋0.6/动作自然
$\widetilde{SFcomp}$	0.8/ $\widetilde{SSf}$ ＋0.8/ $\widetilde{SCf}$	0.8/ $\widetilde{SSf}$ ＋0.8/ $\widetilde{SCf}$	0.8/ $\widetilde{SSf}$ ＋0.8/ $\widetilde{SCf}$	0.9/ $\widetilde{SSf}$ ＋0.8/ $\widetilde{SCf}$
$\widetilde{SSf}$	0/功能＋0.5/形态	0/功能＋0.5/形态	0.9/功能＋0.5/形态	0/功能＋0.6/形态
$\widetilde{SCf}$	0.6/与2～16岁相符的审美特征	0.5/与2～16岁相符的审美特征	0.8/与2～16岁相符的审美特征	0.6/与2～16岁相符审美特征

（2）"七彩成长"产品族外部区隔校验与形象特征平台调整

给定阈值 $\lambda^{comp} =0.2$，依据公式（6-36）和（6-37），可得到如表6-3所示的"七彩成长"产品族外部区隔校验方差统计表和表6-4所示的外部区隔校验结果统计表。

表 6-3 "七彩成长"产品族外部区隔校验与内部区隔校验方差统计表

模糊集	与 $comp_1$ 方差	与 $comp_2$ 方差	与 $comp_3$ 方差	与 $comp_4$ 方差	与 inn_1 方差	与 inn_2 方差	与 inn_3 方差	与 inn_4 方差
$\widehat{PFIF}comp$								
$\widehat{TF}comp$								
$\widehat{Tpf}$	0.828 6	0.828 6	0.03	0.309 4	0.828 6	0.828 6	0.828 6	0.828 6
$\widehat{Tff}$	0.749 8	0.749 8	0.010 1	0.616 5	0.749 8	0.749 8	0.749 8	0.749 8
$\widehat{Ttf}$	0.624 1	0.624 1	0.036 1	0.369 7	0.624 1	0.624 1	0.624 1	0.624 1
$\widehat{Tmif}$	0.275 1	0.275 1	0.133 7	0.027 5	0.174 6	0.341 1	0.341 1	0.174 6
$\widehat{Tmaf}$	0.243	0.243	0.208	0.112 9	0.169 1	0.269 7	0.269 7	0.169 1
$\widehat{AF}comp$								
$\widehat{ARf}$								
$\widehat{Arof}$	0.021 2	0.021 2	0.000 2	0.004 2	0.021 2	0.021 2	0.021 2	0.021 2
$\widehat{Arif}$	0.000 5	0.000 5	0.015 6	0.002 1	0.000 5	0.000 5	0.000 5	0.000 5
$\widehat{Arbf}$	0.000 2	0.000 2	0.000 4	0.000 2	0.000 2	0.000 2	0.000 2	0.000 2
$\widehat{ACf}$								
$\widehat{Acif}$	0.006 1	0.006 1	0.004 0	0.000 9	0.006 1	0.006 1	0.006 1	0.006 1
$\widehat{Ackf}$	0.002 5	0.002 5	0.007 6	0.007 3	0.002 5	0.002 5	0.002 5	0.002 5
$\widehat{Acof}$	0	0	0.001 4	0.000 1	0	0	0	0
$\widehat{Acff}$	0.004 8	0.004 8	0.026 6	0.004 7	0.004 8	0.004 8	0.004 8	0.004 8
$\widehat{EF}comp$								
$\widehat{EVf}$								
$\widehat{Sha}$	0.320 3	0.320 3	0.414 1	0.236 2	0.097 3	0.350 3	0.350 3	0.032 6
$\widehat{Con}$	0.014 6	0.014 6	0.003 6	0.011 7	0.014 6	0.014 6	0.014 6	0
$\widehat{Col}$	0.305 9	0.342 2	0.504 8	0.428 9	0.136 9	0.328 1	0.328 1	0.172 7
$\widehat{Mat}$	0.456 6	0.456 6	0.034 9	0.456 6	0.073 0	0.456 6	0.456 6	0.009 4
$\widehat{Dec}$	0.396 9	0.396 9	0.396 9	0.396 9	0.396 9	0.396 9	0.396 9	0.396 9
$\widehat{ETof}$	0.094 0	0.094 0	0.032 7	0.094 0	0.026 2	0.094	0.094	0.026 2
$\widehat{EHf}$	0.020 7	0.020 7	0.042 9	0.006 7	0.020 7	0.020 7	0.020 7	0.020 7
$\widehat{ESf}$	0.001 3	0.001 3	0.001 7	0.000 7	0.000 7	0.002 5	0.002 5	0.072 9
$\widehat{ETaf}$								
$\widehat{EBf}$	0.072 4	0.072 4	0.048 1	0.105 3	0.105 3	0.105 3	0.105 3	0.105 3
$\widehat{SF}comp$								
$\widehat{SSf}$	0.467 2	0.467 2	0.096 9	0.426 0	0.467 2	0.467 2	0.467 2	0.467 2
$\widehat{SCf}$	0.036 9	0.065 5	0.016 4	0.036 9	0.036 9	0.082 9	0.082 9	0.036 9

表 6-4 "七彩成长"产品族外部区隔校验与内部区隔校验结果统计表

名称	外部区隔校验（$\lambda^{comp}=0.2$）				内部区隔校验（$\lambda^{inn}=0.1$）			
	与 $comp_1$	与 $comp_2$	与 $comp_3$	与 $comp_4$	与 inn_1	与 inn_2	与 inn_3	与 inn_4
总方差	4.942 7	5.007 6	2.066 7	3.655 3	3.957 2	5.167 7	5.167 7	3.922 3
均方差	0.107 5	0.106 5	0.044 0	0.077 8	0.084 2	0.110 0	0.110 0	0.083 5
模糊距离	0.327 8	0.326 3	0.209 7	0.278 9	0.290 2	0.331 6	0.331 6	0.288 9
校验结果	$>\lambda^{comp}$	$>\lambda^{comp}$	$>\lambda^{comp}$	$>\lambda^{comp}$	$>\lambda^{inn}$	$>\lambda^{inn}$	$>\lambda^{inn}$	$>\lambda^{inn}$

在技术特征子集中，"七彩成长"与"我爱我家"、"多喜爱"、"哥伦比尼"区隔较显著，但与"福来莎"较为接近。因"七彩成长"的"成长"与"福来莎"的"变"有共通之处。

在启示特征子集中，"七彩成长"与四个竞争对手较为接近，因儿童家具使用方式较单一，缺乏动态变化，在丰富性特征和控制性特征上无明显差异性。

在美学特征子集中，"七彩成长"与"我爱我家"、"多喜爱"、"哥伦比尼"区隔较显著，但与"福来莎"略微接近。其中，在听觉特征子集、触觉特征子集和嗅觉特征子集方面，"七彩成长"与四个竞争对手无明显差异性。差异性主要体现在形状特征子集、色彩特征子集、材质特征子集和装饰特征子集中，在本体觉特征子集上也有一定的差异性。

在象征特征子集，"七彩成长"与四个竞争对手在群体象征特征子集较为接近；在自我象征特征子集，"七彩成长"与"我爱我家"、"多喜爱"、"哥伦比尼"区隔较显著，但与"福来莎"较接近。

在主题与原型选择方面，"七彩成长"与"我爱我家"、"多喜爱"有较大区别，"七彩成长"体现了面向不同年龄阶段的适应性；与"哥伦比尼"相比，"七彩成长"面向现实，而前者追求"梦想"；与"福来莎"相比，两者都追求变化，但"福来莎"偏重于功能空间的营造和变化，而"七彩成长"则在情感表达方面更加突出。

由表 6-4 可知，"七彩成长"与"我爱我家"、"多喜爱"和"哥伦比尼"、"福来莎"的模糊距离均大于给定的阈值 λ^{comp}。综合考虑，无须调整"七彩成长"产品族形象的初步特征平台。

6.2.3 "七彩成长"产品族形象特征平台内部区隔校验与调整

"七彩人生"品牌内部产品层级结构如图 6-2 所示，包括"七彩人生"和"卡乐屋"两个子品牌。其中，"七彩城堡"以欧式经典风格为主，"王子公主"定位高端,设计风格为时尚炫感、潮流先锋,两者与"七彩成长"产品族从设计风格到目标用户定位有较大差异,不再作为内部层级校验对象,确立"七彩森林""七彩城堡""七彩频道""卡乐屋"作为内部区隔策略的校验对象[181]。运用焦点小组进行"七彩成长"产品族形象特征平台内部区隔校验与调整,焦点小组成员包括中国矿业大学工业设计系的教师 3 人和工业设计方向的研究生 9 人,于 2010 年 9 月 15 日~16 日在中国矿业大学艺术楼 B408 实施"七彩成长"内部区隔校验。

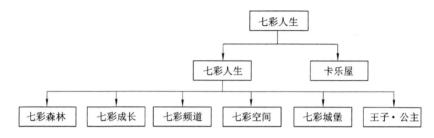

图 6-2 "七彩人生"品牌内部层级结构图[181]

(1) 内部层级结构分析

经分析整理,依据"七彩成长"产品族形象特征初步平台,构建如表 6-5 所示的内部层级产品族形象特征平台。

表 6-5 "七彩成长"内部层级产品族形象特征平台分析

模糊集	七彩森林 inn_1	七彩空间 inn_2	七彩频道 inn_3	卡乐屋 inn_4
主题	象征性	象征性	象征性	象征性
原型	典型事件人、物、地点的色彩与形状	典型事件人、物、地点的色彩、形状与图案	典型事件人、物、地点的色彩、形状与图案	典型事件人、物、地点的色彩,以及形状与图案的卡通元素
$\widetilde{PFIF}inn$	$0.7/\widetilde{TF}inn_1 + 0.7/$ $\widetilde{AF}inn_1 + 0.9/$ $\widetilde{EF}inn_1 + 0.8/$ $\widetilde{SF}inn_1$	$0.7/\widetilde{TF}inn_2 + 0.7/$ $\widetilde{AF}inn_2 + 0.9/$ $\widetilde{EF}inn_2 + 0.8/$ $\widetilde{SF}inn_2$	$0.7/\widetilde{TF}inn_3 + 0.7/$ $\widetilde{AF}inn_3 + 0.9/$ $\widetilde{EF}inn_3 + 0.8/$ $\widetilde{SF}inn_3$	$0.7/\widetilde{TF}inn_4 + 0.7/$ $\widetilde{AF}inn_4 + 0.9/$ $\widetilde{EF}inn_4 + 0.8/$ $\widetilde{SF}inn_4$

模糊集	七彩森林 inn_1	七彩空间 inn_2	七彩频道 inn_3	卡乐屋 inn_4
主题	象征性	象征性	象征性	象征性
原型	典型事件人、物、地点的色彩与形状	典型事件人、物、地点的色彩、形状与图案	典型事件人、物、地点的色彩、形状与图案	典型事件人、物、地点的色彩，以及形状与图案的卡通元素
$\widetilde{TF}inn$	$0.7/\widetilde{Tpf}+0.7/\widetilde{Tff}+0.6/\widetilde{Ttf}+0.7/\widetilde{Tmtf}+0.7/\widetilde{Tmaf}$	$0.7/\widetilde{Tpf}+0.7/\widetilde{Tff}+0.6/\widetilde{Ttf}+0.7/\widetilde{Tmtf}+0.7/\widetilde{Tmaf}$	$0.7/\widetilde{Tpf}+0.7/\widetilde{Tff}+0.6/\widetilde{Ttf}+0.7/\widetilde{Tmtf}+0.7/\widetilde{Tmaf}$	$0.7/\widetilde{Tpf}+0.7/\widetilde{Tff}+0.6/\widetilde{Ttf}+0.7/\widetilde{Tmtf}+0.7/\widetilde{Tmaf}$
$\widetilde{Tpf}$	$0.9/$可靠性$+1/$稳固性$+0.6/$耐久性	$0.9/$可靠性$+1/$稳固性$+0.6/$耐久性	$0.9/$可靠性$+1/$稳固性$+0.6/$耐久性	$0.9/$可靠性$+1/$稳固性$+0.6/$耐久性
$\widetilde{Tff}$	$0.7/DIY+0.3/$成长性	$0.7/DIY+0.3/$成长性	$0.7/DIY+0.3/$成长性	$0.7/DIY+0.3/$成长性
$\widetilde{Ttf}$	$0.5/$产品族物理平台技术	$0.5/$产品族物理平台技术	$0.5/$产品族物理平台技术	$0.5/$产品族物理平台技术
$\widetilde{Tmtf}$	$1/$环保水性漆涂装$+0.6/$连接特殊加固处理$+0.8/$防滑处理	$0.7/$环保水性漆涂装$+0.6/$连接特殊加固$+0.8/$防滑处理	$0.7/$环保水性漆涂装$+0.6/$连接特殊加固$+0.8/$防滑处理	$1/$环保水性漆涂装$+0.6/$连接特殊加固处理$+0.8/$防滑处理
$\widetilde{Tmaf}$	$0.8/$高品质松木$+0.8/$局部 E1 级环保板材	$0.6/$高品质松木$+0.7/$局部 E1 级环保板材	$0.6/$高品质松木$+0.7/$局部 E1 级环保板材	$0.8/$高品质松木$+0.8/$局部 E1 级环保板材
$\widetilde{AF}inn$	$0.4/\widetilde{ARf}+0.8/\widetilde{ACf}$	$0.4/\widetilde{ARf}+0.8/\widetilde{ACf}$	$0.4/\widetilde{ARf}+0.8/\widetilde{ACf}$	$0.4/\widetilde{ARf}+0.8/\widetilde{ACf}$
$\widetilde{ARf}$	$0.4/\widetilde{Arof}+0.5/\widetilde{Arif}+0.1/\widetilde{Arbf}$	$0.4/\widetilde{Arof}+0.5/\widetilde{Arif}+0.1/\widetilde{Arbf}$	$0.5/\widetilde{Arof}+0.7/\widetilde{Arif}+0.3/\widetilde{Arbf}$	$0.4/\widetilde{Arof}+0.5/\widetilde{Arif}+0.1/\widetilde{Arbf}$
$\widetilde{Arof}$	$0.3/$视觉$+0.2/$触觉	$0.3/$视觉$+0.2/$触觉	$0.3/$视觉$+0.2/$触觉	$0.3/$视觉$+0.2/$触觉

模糊集	七彩森林 inn_1	七彩空间 inn_2	七彩频道 inn_3	卡乐屋 inn_4
主题	象征性	象征性	象征性	象征性
原型	典型事件人、物、地点的色彩与形状	典型事件人、物、地点的色彩、形状与图案	典型事件人、物、地点的色彩、形状与图案	典型事件人、物、地点的色彩，以及形状与图案的卡通元素
$\widetilde{Arif}$	0.3/本体觉	0.3/本体觉	0.3/本体觉	0.3/本体觉
$\widetilde{Arbf}$	0/理性思维	0/理性思维	0/理性思维	0/理性思维
$\widetilde{ACf}$	$0.9/\widetilde{Acif}+0.9/\widetilde{Ackf}+0.7/\widetilde{Acof}+0.8/\widetilde{Acff}$	$0.9/\widetilde{Acif}+0.9/\widetilde{Ackf}+0.7/\widetilde{Acof}+0.8/\widetilde{Acff}$	$0.9/\widetilde{Acif}+0.9/\widetilde{Ackf}+0.7/\widetilde{Acof}+0.8/\widetilde{Acff}$	$0.9/\widetilde{Acif}+0.9/\widetilde{Ackf}+0.7/\widetilde{Acof}+0.8/\widetilde{Acff}$
$\widetilde{Acif}$	1/清晰+0.8/本能	1/清晰+0.8/本能	1/清晰+0.8/本能	1/清晰+0.8/本能
$\widetilde{Ackf}$	0.9/简单+0.1/使用经验	0.9/简单+0.1/使用经验	0.9/简单+0.1/使用经验	0.9/简单+0.1/使用经验
$\widetilde{Acof}$	0.9/自然+0.9/便捷	0.9/自然+0.9/便捷	0.9/自然+0.9/便捷	0.9/自然+0.9/便捷
$\widetilde{Acff}$	0.9/清晰+0.6/多感官通道	0.9/清晰+0.6/多感官通道	0.9/清晰+0.6/多感官通道	0.9/清晰+0.6/多感官通道
$\widetilde{EFinn}$	$1/\widetilde{EVf}+0.9/\widetilde{ETof}+0.7/\widetilde{EHf}+0.7/\widetilde{ESf}+1/\widetilde{EBf}$	$1/\widetilde{EVf}+0.7/\widetilde{ETof}+0.7/\widetilde{EHf}+0.7/\widetilde{ESf}+1/\widetilde{EBf}$	$1/\widetilde{EVf}+0.7/\widetilde{ETof}+0.7/\widetilde{EHf}+0.7/\widetilde{ESf}+1/\widetilde{EBf}$	$1/\widetilde{EVf}+0.9/\widetilde{ETof}+0.7/\widetilde{EHf}+0.7/\widetilde{ESf}+1/\widetilde{EBf}$
$\widetilde{EVf}$	$0.8/\widetilde{Sha}+0.6/\widetilde{Con}+0.5/\widetilde{Col}+0.8/\widetilde{Mat}+0.2/\widetilde{Dec}$	$0.7/\widetilde{Sha}+0.6/\widetilde{Con}+0.9/\widetilde{Col}+0.6/\widetilde{Mat}+0.8/\widetilde{Dec}$	$0.7/\widetilde{Sha}+0.7/\widetilde{Con}+0.9/\widetilde{Col}+0.6/\widetilde{Mat}+0.8/\widetilde{Dec}$	$0.8/\widetilde{Sha}+0.6/\widetilde{Con}+0.5/\widetilde{Col}+0.6/\widetilde{Mat}+0.7/\widetilde{Dec}$
$\widetilde{Sha}$	0.7/活泼+0.6/可爱+0.8/质朴	0.7/活泼+0.6/可爱+0.2/质朴	0.7/活泼+0.6/可爱+0.2/质朴	0.8/活泼+0.8/可爱+0.7/质朴
$\widetilde{Con}$	0.7/圆滑+0.7/和谐	0.7/圆滑+0.7/和谐	0.7/圆滑+0.7/和谐	0.9/圆滑+0.8/和谐

模糊集 主题	七彩森林 inn_1 象征性	七彩空间 inn_2 象征性	七彩频道 inn_3 象征性	卡乐屋 inn_4 象征性
原型	典型事件人、物、地点的色彩与形状	典型事件人、物、地点的色彩、形状与图案	典型事件人、物、地点的色彩、形状与图案	典型事件人、物、地点的色彩,以及形状与图案的卡通元素
$\widetilde{Col}$	0.9/木质原色+0.8/点缀色彩+0.6/清新+0.7/自然+0.7/活泼	0/木质原色+0.9/点缀色彩+0.5/清新+0.3/自然+0.7/活泼	0/木质原色+0.9/点缀色彩+0.5/清新+0.3/自然+0.7/活泼	0.9/木质原色+0.8/点缀色彩+0.6/清新+0.7/自然+0.8/活泼
$\widetilde{Mat}$	1/原木肌理+0.8/自然+1/亚光	0/原木肌理+0/自然+1/亚光	0/原木肌理+0/自然+1/亚光	1/原木肌理+0.8/自然+1/亚光
$\widetilde{Dec}$	0/局部可变换装饰物	0/局部可变换装饰物	0/局部可变换装饰物	0/局部可变换装饰物
$\widetilde{ETof}$	1/木质+1/平滑	0.8/木质+1/平滑	0.8/木质+1/平滑	1/木质+1/平滑
$\widetilde{EHf}$	0.8/移动部件声音柔和+0/异常响声	0.8/移动部件声音柔和+0/异常响声	0.8/移动部件声音柔和+0/异常响声	0.8/移动部件声音柔和+0/异常响声
$\widetilde{ESf}$	0.1/异味	0.2/异味	0.2/异味	0.1/异味
$\widetilde{ETaf}$	∅	∅	∅	∅
$\widetilde{EBf}$	0.7/静态舒适+0.6/动作自然	0.7/静态舒适+0.6/动作自然	0.7/静态舒适+0.6/动作自然	0.7/静态舒适+0.6/动作自然
$\widetilde{SFinn}$	0.8/$\widetilde{SSf}$+0.8/$\widetilde{SCf}$	0.8/$\widetilde{SSf}$+0.8/$\widetilde{SCf}$	0.8/$\widetilde{SSf}$+0.8/$\widetilde{SCf}$	0.8/$\widetilde{SSf}$+0.8/$\widetilde{SCf}$
$\widetilde{SSf}$	0/功能+0.5/形态	0/功能+0.5/形态	0/功能+0.5/形态	0/功能+0.5/形态
$\widetilde{SCf}$	0.6/与 2~16 岁相符的审美特征	0.6/与 2~16 岁相符的审美特征	0.6/与 2~16 岁相符的审美特征	0.6/与 2~16 岁相符审美特征

(2)"七彩成长"产品族内部区隔校验与形象特征平台调整

给定阈值 $\lambda^{inn}=0.1$,依据公式(6-36)和(6-37),可得到如表 6-3 所示的"七彩成长"产品族内部区隔校验方差统计表和表 6-4 所示的内部区隔校验结果统计表。

在技术特征子集中,"七彩成长"与四个内部层级产品族区隔尤为显著。因"七彩成长"具有"成长"性。

在启示特征子集中,"七彩成长"与四个内部层级产品族较为接近,因儿童家具使用方式较单一,缺乏动态变化,在丰富性特征和控制性特征上无明显差异性。

在美学特征子集的听觉特征子集、触觉特征子集和嗅觉特征子集方面,"七彩成长"与四个内部层级产品族无明显差异性。"七彩成长"与"七彩空间"和"七彩频道"的差异性主要体现在形状特征子集、色彩特征子集、材质特征子集和装饰特征子集,在本体觉特征子集上也有一定的差异性;与"七彩森林"和"卡乐屋"的差异性主要体现在装饰特征子集,在色彩特征子集和本体觉特征子集上也有一定的差异性。

在象征特征子集,"七彩成长"与四个内部层级产品族在群体象征特征子集较为接近;在自我象征特征子集,"七彩成长"与四个内部层级产品族区隔较显著。

在主题选择方面,"七彩成长"与四个内部层级产品族有明显区别,突出目标用户的天性;在原型选择方面,"七彩成长"强调自然与和谐,注重目标对象的成长性。

由表 6-4,"七彩成长"与"七彩森林"、"七彩空间"、"七彩频道"、"卡乐屋"的模糊距离均大于给定的阈值 λ^{inn},无需对"七彩成长"产品族形象的初步特征平台进行调整。

6.2.4 "七彩成长"产品族形象特征平台确立

(1) 品牌文脉构建

运用焦点小组进行"七彩人生"品牌文脉构建,焦点小组成员包括中国矿业大学艺术与设计学院工业设计系的教师 3 人和工业设计方向的研究生 9 人,于 2010 年 9 月 22 日~23 日在中国矿业大学艺术楼 B408 实施,采用"七彩人生"主要产品资料见附录 2。

经分析整理,在显性设计元素方面,"七彩空间"与"七彩频道"较为接近,"七彩森林"与"卡乐屋"较为接近,但两组之间具有较大的差异性,而"王子公主"也与前两者有较显著的差异。综合考虑,显性品牌设计元素模糊集 $\overline{OBDE}$ 可表示为:

$$\widetilde{OBDE} = 1/\widetilde{Vfobde} +0.7/\widetilde{Tofobde} +0.7/\widetilde{Hfobde} +0.7/\widetilde{Sfobde} +$$
$$0/\widetilde{Tafobde}$$

$$\widetilde{Efobde} =0/\widetilde{Shaobde} +0.9/\widetilde{Conobde} +0.9/\widetilde{Colobde} +0.6/\widetilde{Matobde} +$$
$$0.8/\widetilde{Decobde}$$

$$\widetilde{Shaobde} = \varnothing$$

$$\widetilde{Conobde} =0.8/边角圆滑$$

$$\widetilde{Colobde} =0.8/高饱和度色彩$$

$$\widetilde{Matobde} =0.9/亚光$$

$$\widetilde{Decobde} =0.8/局部图案装饰$$

$$\widetilde{Tofobde} =0.8/木质 +0.8/平滑$$

$$\widetilde{Hfobde} =0.8/移动部件声音柔和 +0/异常响声$$

$$\widetilde{Sfobde} =0.2/异味$$

$$\widetilde{Tafobde} = \varnothing$$

"七彩人生"隐性品牌设计感觉依据5.2.1中"七彩人生"品牌形象个性特征语义调查结果构建,按照语义值由高至低,选取4~6个词语作为隐性品牌设计感觉模糊变量,并将语义值转化为相应的模糊隶属度。则隐性品牌设计感觉模糊集 $\widetilde{HBDF}$ 可表示为:

$$\widetilde{HBDF} =0.82/好看 +0.82/可爱 +0.80/活泼 +0.78/西化 +0.77/快乐 +$$
$$0.76/活力$$

(2)"七彩成长"产品族形象特征平台调整与确立

结合"七彩成长"产品族形象个性特征,对 $\widetilde{OBDE}$ 和 $\widetilde{HBDF}$ 进行调整,调整部分如下:

$$\widetilde{Colobde} =0.5/高饱和度色彩$$

$$\widetilde{Sfobde} =0.1/异味$$

$$\widetilde{HBDF} =0.82/可爱 +0.80/活泼 +0.70/自然 +0.77/快乐 +0.76/活力$$

最终确立"七彩成长"产品族形象特征平台为:

主题:体验成长

原型:与目标用户变化成长特征相适应的自然界中的物与环境。

基于映射卡片特征要素分析,由公式(6-1)~(6-32)得到"七彩成长"形象特征平台的特征要素集为:

$$\widetilde{PFIFobj} = 1/\widetilde{TFobj} + 0.8/\widetilde{AFobj} + 0.9/\widetilde{EFobj} + 0.8/\widetilde{SFobj}$$

$$\widetilde{TFobj} = 1/\widetilde{Tpf} + 0.9/\widetilde{Tff} + 1/\widetilde{Ttf} + 0.8/\widetilde{Tmtf} + 0.8/\widetilde{Tmaf}$$

$$\widetilde{Tpf} = 1/可靠性 + 1/稳固性 + 0.8/耐久性$$

$$\widetilde{Tff} = 1/DIY + 0.9/成长性$$

$$\widetilde{Ttf} = 1/产品族物理平台技术$$

$$\widetilde{Tmtf} = 1/环保水性漆涂装 + 0.7/连接特殊加固处理 + 0.8/防滑处理$$

$$\widetilde{Tmaf} = 0.9/高品质松木 + 0.8/局部 E1 级环保板材$$

$$\widetilde{AFobj} = 0.4/\widetilde{ARf} + 0.6/\widetilde{ACf}$$

$$\widetilde{ARf} = 0.5/\widetilde{Arof} + 0.5/\widetilde{Arif} + 0.2/\widetilde{Arbf}$$

$$\widetilde{Arof} = 0.6/视觉 + 0.4/触觉$$

$$\widetilde{Arif} = 0.4/本体觉$$

$$\widetilde{Arbf} = 0.2/理性思维$$

$$\widetilde{ACf} = 1/\widetilde{Acif} + 1/\widetilde{Ackf} + 0.9/\widetilde{Acof} + 0.8/\widetilde{Acff}$$

$$\widetilde{Acif} = 1/清晰 + 0.8/本能$$

$$\widetilde{Ackf} = 0.9/简单 + 0.2/使用经验$$

$$\widetilde{Acof} = 0.8/自然 + 0.8/便捷$$

$$\widetilde{Acff} = 0.9/清晰 + 0.6/多感官通道$$

$$\widetilde{EFobj} = 1/\widetilde{EVf} + 0.9/\widetilde{ETof} + 0.8/\widetilde{EHf} + 1/\widetilde{ESf} + 0/\widetilde{ETaf} + 1/\widetilde{EBf}$$

$$\widetilde{EVf} = 0.9/\widetilde{Sha} + 0.6/\widetilde{Con} + 0.7/\widetilde{Col} + 0.7/\widetilde{Mat} + 0.7/\widetilde{Dec}$$

$$\widetilde{Sha} = 0.9/活泼 + 0.82/可爱 + 0.7/质朴 + 0.77/快乐$$

$$\widetilde{Con} = 0.9/圆滑 + 0.8/和谐$$

$$\widetilde{Col} = 0.8/木质原色 + 0.8/点缀色彩 + 0.7/清新 + 0.7/自然 + 0.5/高饱和度色彩$$

$$\widetilde{Mat} = 0.8/原木肌理 + 0.7/自然 + 1/亚光$$

$$\widetilde{Dec} = 1/局部可变换装饰物 + 0.7/图案装饰 + 0.70/自然 + 0.76/活力$$

$$\widetilde{ETof} = 1/木质＋0.8/平滑$$

$$\widetilde{EHf} = 0.9/移动部件声音柔和＋0/异常响声$$

$$\widetilde{ESf} = 0.1/异味$$

$$\widetilde{ETaf} = \varnothing$$

$$\widetilde{EBf} = 1/静态舒适＋0.8/动作自然$$

$$\widetilde{SFobj} = 1/\widetilde{SSf}＋0.8/\widetilde{SCf}$$

$$\widetilde{SSf} = 0.8/功能＋0.7/形态$$

$$\widetilde{SCf} = 0.9/与年龄相符的审美特征$$

6.3　本章小结

依据用户体验理论,将模糊数学理论与层次分析方法相结合,构建了产品族形象特征平台的研究方法和设计流程。

首先,构建了产品族形象特征平台的表达形式。主题与原型以文字或文字与图形相结合的形式表述,特征要素则依据其构成特征采用分层次的模糊表达形式。

以目标产品族细分市场的主流产品为研究对象,进行流行趋势分析,确立流行的主题、原型、技术特征子集、启示特征子集、美学特征子集和象征特征子集。

以流行趋势为参照,通过情景故事看板,结合产品族形象个性特征,构建典型事件序列至产品族形象特征平台的映射卡片。经过分析、归纳,界定主题范围,确立原型选择的基准,构建基于典型事件集的特征要素集,完成产品族形象特征平台初步构建。

针对主要竞争对手,参照产品族形象初步特征平台,构建竞争产品形象特征平台,实施外部区隔校验,并视情况对主题、原型和初步特征要素集做出调整,得到面向竞争的特征要素模糊集。

依据企业内部产品层级结构,进行主题和原型分析,针对产品族形象特征要素集,实施内部区隔校验,并视情况对主题、原型和基于竞争的特征要素模糊集做出调整,得到面向内部层级结构的特征要素模糊集。

为体现品牌文脉,依据品牌格式银行,构建显性品牌设计元素模糊集和隐性品牌设计感觉模糊集,并结合品牌个性进行调整,作为约束应用于产品族形象特征平台的构建,完成特征要素集的调整,最终确立产品族形象特征平台。

最后,为说明研究的可行性和方法的有效性,以"七彩人生"儿童家具品牌为例,实施了"七彩成长"产品族形象特征平台的构建研究。

7 结论与展望

7.1 研究结论

体验经济作为一种新的经济形态已为人们所认可,在不知不觉中改变着世界,对产品设计产生革命性影响,人们通过产品体验不仅满足个性化需求,而且寻求有意义的品牌体验。为此,本书针对个性化定制的关键问题——狭义的产品族形象设计,从体验的角度进行研究分析,并取得实质性突破。

(1) 改进产品族形象基础研究

原有产品族概念已不能适应新的经济形式,在广泛研究国内外文献的基础上,从体验视角对产品族进行再定义,并从产品族开发的背景、焦点、影响因素、物化成果、评价标准等多个侧面进行探讨。

产品族形象不同于现有的产品形象,是通过用户体验所形成"族"的脑海图景。面向体验不同于基于视觉,用户体验层是产品族形象构成模型的重要组成部分,而其中的核心体验层则是产品族形象设计的核心,其要素构成了产品族形象特征平台。

产品族与用户的"触点"是研究用户体验和产品族形象设计的关键,"触点"表现为体验中的产品族形象线索。在文献分析的基础上,我们提出产品族形象的沟通模型,构建了产品族形象线索的传播通道模型、静态线索与动态线索模型,为用户体验和产品族形象研究奠定基础。

(2) 提出面向产品族形象的用户体验模型

作为体验道具的产品族不同于作为用具或作为商品的产品族,是体验决定了产品族的形象特征,本书构建了面向产品族形象的用户体验模型。

在体验中,用户通过多感官通道获取产品族形象信息,而在产品族生命周期内感官通道的特征与作用有所不同。在先导事件与后续事件、产品变异、个体特征、交互情景、文化习俗等多种因素的共同作用下,在原型、相关产品、暗喻、性格和惯例等用户参考的影响,用户接收外界信息形成了美学体验、启示体验、象征体验和情感体验,四种体验既有区别又相互交织,不可分离。

(3)建立基于体验的产品族形象设计框架模型

体验是产品族形象设计的起点和归宿,通过体验形成了产品族形象,而产品族形象设计的目的是满足用户个性化体验的需求,同时形成良好的品牌体验。本研究认为产品族形象设计具有 Top-Down 特征、系统性特征、均衡性特征和平台化特征,必须遵循沟通性原则、差异性原则和一致性原则。

基于用户体验,以基础层、特征层、平台层、语言层和物质层五层模型表达产品族形象设计的总体思路,构建了产品族形象设计的框架模型,认为产品族形象个性特征和产品族形象特征平台是产品族形象设计的关键问题,产品族形象设计必须以典型事件集为基础,产品设计战略为起点,参照系为标杆,充分考虑品牌文脉的传承和创新,以及目标用户的触点形象特征。

针对产品族形象设计的关键问题产品族形象个性和产品族形象特征平台进行剖析。产品族形象个性不同于单个产品的形象个性,是"族"成员的一致性特征,对"族"的外部产品是差异性特征,是产品族的形象个性在用户体验中将"族"成员关联起来。产品族形象特征平台是产品族形象个性的具化,由主题、原型和特征要素构成。与用户体验相对应,特征要素由技术特征、启示特征、美学特征和象征特征构成。

(4)构建基于模糊 AHP 的产品族形象个性特征研究方法和设计流程

将模糊数学理论与层次分析方法相结合应用于产品族形象的个性特征研究,建立了较为合理的产品族形象个性特征研究方法和设计流程。

构建基于模糊 AHP 的品牌形象个性研究方法。以产品作为品牌形象的载体,以品牌核心价值、个性量表和品牌格式银行分析为基础,通过问卷抽样调查,运用 SPSS 软件进行描述性统计分析,建立分层次的品牌形象模糊个性特征集。

建立用户"触点"形象特征研究方法。以用户核心价值变量集为基础,结合设计任务书和市场总体状况,通过问卷抽样调查,进行用户"触点"形象特征词语筛选和影响力分析,建立用户"触点"形象特征模糊集。

构建基于典型事件集的产品族形象特征研究方法。通过焦点小组,建立面向用户的产品族典型事件集、产品族行为模式图和任务模式图,运用情景故事法,建立事件序列分析卡片,实施基于事件序列卡片的产品族形象特征调查,建立了产品族形象个性的初步特征。

建立基于模糊 AHP 的产品族形象个性设计流程。以基于典型事件集的产品族形象个性初步特征为分析对象,与品牌个性、目标用户"触点"形象特征进行匹配性校验,并做出适当调整,逐步建立分层次的产品族形象个性特征模糊集。

以"七彩人生"儿童家具品牌为例,进行了"七彩成长"产品族形象个性特征的构建研究,说明研究的可行性和有效性。

(5) 提出面向用户体验的产品族形象特征平台构建方法与流程

依据用户体验理论,将模糊数学理论与层次分析方法相结合,构建了较为合理的产品族形象特征平台研究方法和构建流程。

建立产品族形象特征平台的表达方法。主题与原型以文字或文字与图形相结合的形式表述,而特征要素则采用分层次的模糊表达形式。

构建面向目标产品族细分市场的流行趋势特征集合。以目标产品族细分市场的主流产品为研究对象,通过焦点小组进行流行趋势分析,确立流行的主题、原型、技术特征集、启示特征子集、美学特征子集和象征特征子集。

构建基于典型事件集的产品族形象特征平台研究方法。以典型事件序列分析为基础,建立典型事件序列至产品族形象特征平台的映射卡片,经过分析整理,界定主题范围,确立原型选择基准,建立特征要素的模糊集合。

针对主要竞争对手,实施外部区隔校验,并对基于典型事件集的产品族形象特征平台做出合理调整,建立基于竞争的产品族形象特征平台;依据企业内部产品层级结构,实施内部区隔校验,并对基于竞争的特征要素模糊集做出调整,得到面向内部层级的产品族形象特征平台;依据品牌格式银行,构建显性品牌设计元素模糊集和隐性品牌设计感觉模糊集,并结合品牌个性进行调整,作为约束应用于面向内部层级的产品族形象特征平台,从而完成产品族形象特征平台构建。

以"七彩人生"儿童家具品牌为例,进行了"七彩成长"产品族形象特征平台的构建研究,说明方法的可行性和有效性。

7.2　研究展望

本书对于面向体验的产品族形象设计框架和关键问题进行了较为系统的研究,但是由于时间所限和本人研究能力的有限,不免存在一些局限和疏漏。存在的不足之处主要表现在以下方面:

① 书中的理论局限于框架模型和关键问题的研究,并没有建立细致、全面

的产品族形象设计理论。

②　在基于体验的产品族形象基础理论和面向产品族形象的用户体验模型研究中,实证研究的深度和广度有待提高。

③　书中的设计案例并非企业的实际设计项目,仅用以研究方法和设计流程的可行性说明,其有效性尚未经过市场的经验。

研究的不足提示了近期的研究方向:

①　以体验为中心,针对产品族形象设计中的基础理论开展实证性分析,细化和完善基础理论体系。

②　针对不同大类产品,进行面向产品族形象的用户体验研究,以类别为基础建立用户体验特征,为产品族形象设计提供依据。

③　进一步完善产品族形象设计的理论体系,从不同视角对所涉及的人、物、事件进行全面、细致地研究,建立系统的产品族形象设计理论体系。

④　将产品族形象设计理论应用于不同企业的产品族开发与设计,在实践中检验和完善产品族形象设计的方法和流程。

目前,尚未有企业提供高度个性化的用户体验,仅有少数企业实现产品的大规模定制,但以体验为中心进行产品族的形象设计代表产品设计的发展趋势,作为新兴的研究领域,其理论体系还在逐步构建和完善,需要研究者的艰苦努力和共同奋斗。

附　　录

附录1　面向"复制的力量"产品族形象的用户体验调查问卷

1. 请您描述对1号椅、2号椅和3号椅的印象。

1号椅：

2号椅：

3号椅：

2. 您认为属于同一种类型椅子的为_____。

(1) 1号与2号　(2) 1号与3号　(3) 2号与3号　(4) 1号、2号与3号

其原因为：

3. 如果1号、2号和3号椅为同一类型，其原因为：

4. 请根据您对1号椅、2号椅和3号椅的试用情况，填写用户响应：

	1号椅	2号椅	3号椅
视觉愉悦性			
听觉愉悦性			
触觉愉悦性			
嗅觉愉悦性			
本体觉愉悦性			
描述：产品通过外显形式表达意图、操作方式或使用方式。			
表达：产品展示的特征，有助于理解产品使用的特点			

激励:产品发出的感知要求,通过激励使用者明确将要采取的行动和操作的安全性			
识别:产品归属和来源信息,有助于了解产品类别			
自我象征:个人特性的表达。			
群体象征:群体特性的表达。			
情感体验:人机交互产生的情感。			

5. 请根据您对 1 号椅、2 号椅和 3 号椅的试用情况,填写用户参考和影响因素:

	1 号椅	2 号椅	3 号椅
原型:联想到的典型事物			
相关产品			
暗喻:产品唤起的记忆			
性格:用人的性格描述产品			
惯例:产品构成和使用中公认的一些定式或约定			

6. 请根据您的个人情况,填写下表:

您的性别:	您的成长所在地: 省 市	
您的性格特征:	您的爱好:	
您对流行的态度:	您的生活节奏及规律:	
您评价产品的标准:		

衷心感谢您的参与和支持!

附录2　"七彩人生"儿童家具代表性产品资料集

企业愿景:成为青少年儿童家具领域中的全球第一;
成为中国家具行业最受尊敬的企业之一。

企业核心价值观:诚信(人格层面)、专业、客户导向、
创新(工作层面)。

企业使命:让更多孩子拥有更安全、更环保、高品质的
家具,帮助更多孩子打造自己喜爱的健康成长空间。

品牌内涵:环保、安全、梦想与爱!(满足和支持孩子
们健康生活、快乐成长;寓意每个孩子都应拥有自己
的七彩人生)。

卡乐屋系列:崇尚健康环保、以人为本、风格时尚独特、简约而不简单加入了卡通元素,使其更具趣味性;再加上贴心的护栏设计,给小baby与儿童更多安全呵护

牛顿定律

睡公主

淘气小魔女

白雪公主

阿波罗

蓝精灵

王子公主系列:贵族主题青少年儿童家具,安谧却充满趣味,简洁又显出高贵。每个孩子都会成为王子或公主,每一刻时光,都将成为一个童话故事

水晶之恋

狮子王

甜蜜の梦

七彩森林系列：水性漆松木原木青少年儿童家具；回归自然、崇尚简单；榫接

| 福牌 7 号 | 七彩飘带 | 极限风暴 |

七彩城堡系列：欧美青少年儿童家具经典；欧美神韵、高贵典雅；绘图案，镶金镶银等；实木＋E1 级板材（MDF、进口刨花板等）

| 古堡传说 | | 哥特王朝 |

| 公主日记 | 提拉米苏 | 胡桃夹子 |

七彩频道系列：板式色彩青少年儿童家具；时尚简约、个性飞扬；实木＋E1 级板材（MDF、进口刨花板等），健康环保，呵护一生

| 爱迪生 | 深蓝孩童 | 泡泡龙 |

四叶草	森林狂想曲	爱心传递

七彩空间系列:板式色彩青少年儿童家具,打造一个精致的空间,盛放有年少时的欢乐和幸福。色彩宜人,绚丽时尚

蝴蝶谷	悍马	无限探索

丛林骑兵	粉红微笑	魔法灰姑娘

附录 3 "七彩人生"儿童家具品牌个性调查问卷

您好！我们正在进行品牌个性调查，希望能够得到您的协助，谢谢！

品牌核心价值：诚信（人格层面）、专业、客户导向、创新（工作层面）

品牌内涵：环保、安全、梦想与爱！（满足和支持孩子们健康生活、快乐成长；寓意每个孩子都应拥有自己的七彩人生！）

请将上述品牌视为个人，结合产品图片，根据印象，选用下列词语描述个性特征，可复选：

□ 实际的	□ 顾家的	□ 乡土的	□ 正值的	□ 真诚的	□ 真实的	□ 有益的
□ 纯正的	□ 快乐的	□ 友善的	□ 感性的	□ 温暖的	□ 体贴的	□ 亲切的
□ 勇敢的	□ 刺激的	□ 活泼的	□ 冷酷的	□ 年轻的	□ 幻想的	□ 独特的
□ 新潮的	□ 独立的	□ 现代的	□ 有趣的	□ 乐观的	□ 积极的	□ 自由的
□ 可爱的	□ 活力的	□ 可靠的	□ 苦干的	□ 安全的	□ 明智的	□ 科技的
□ 团体的	□ 成功的	□ 领导的	□ 自信的	□ 一致的	□ 负责的	□ 庄严的
□ 坚定的	□ 高级的	□ 好看的	□ 魅力的	□ 迷人的	□ 女性的	□ 和缓的
□ 优雅的	□ 浪漫的	□ 时髦的	□ 精细的	□ 奢华的	□ 户外的	□ 男性的
□ 西化的	□ 坚韧的	□ 坚固的	□ 强壮的	□ 活跃的	□ 不加修饰的	

请填写您的个人情况，或勾选符合您的情况：

您的性别：□ 男　　□ 女　　　　　　您的年龄：

您的专业：　　　　　　　　　　　　您的学历：

您的毕业时间：　　　　　　　　　　您的职业：

填表地点（省、市）：　　　　　　　　填表时间：

衷心感谢您的支持！

附录4　"七彩人生"儿童家具品牌形象个性特征
语义调查问卷

您好！我们正在进行目标用户形象特征调查,希望能够得到您的协助,谢谢!

请参照产品图片,将上述品牌视为个人,勾选您认可的个性描述程度,1为非常不显著,4为中性,7为非常显著

品牌形象特征	1	2	3	4	5	6	7
您认为该品牌形象具有"温暖的"特征吗?							
您认为该品牌形象具有"快乐的"特征吗?							
您认为该品牌形象具有"亲切的"特征吗?							
您认为该品牌形象具有"实际的"特征吗?							
您认为该品牌形象具有"活泼的"特征吗?							
您认为该品牌形象具有"可爱的"特征吗?							
您认为该品牌形象具有"活力的"特征吗?							
您认为该品牌形象具有"幻想的"特征吗?							
您认为该品牌形象具有"自信的"特征吗?							
您认为该品牌形象具有"安全的"特征吗?							
您认为该品牌形象具有"好看的"特征吗?							
您认为该品牌形象具有"浪漫的"特征吗?							
您认为该品牌形象具有"精细的"特征吗?							
您认为该品牌形象具有"活跃的"特征吗?							
您认为该品牌形象具有"西化的"特征吗?							

请填写您的个人情况,或勾选符合您的情况:

您的性别:□ 男　　□ 女　　　　　　　您的年龄:

您的专业:　　　　　　　　　　　　　您的学历:

您的毕业时间:　　　　　　　　　　　您的职业:

填表地点(省、市):　　　　　　　　　填表时间:

衷心感谢您的支持！

附录5 "七彩成长"儿童家具目标用户初步形象特征调查问卷

您好! 我们正在进行目标用户形象特征调查,希望能够得到您的协助,谢谢!

品牌核心价值:诚信(人格层面)、专业、客户导向、创新(工作层面)
品牌内涵:环保、安全、梦想与爱!(满足和支持孩子们健康生活、快乐成长;寓意每个孩子都应拥有自己的七彩人生!)
"七彩成长"产品族设计任务书:现有产品拓展系列,传递品牌价值和品牌内涵,能够满足2—16岁少年儿童的使用要求,充分体现家具随儿童生理与心理同步成长的特点,成套家具售价(床屏、床栏、床架、床头柜、书架、书台、双门板、衣柜身、小椅子)8 000~10 000元。

请勾选您认为的目标用户形象特征描述程度,—3为非常不可能,0为中性,3为非常可能:

目标用户形象特征	—3	—2	—1	0	1	2	3
自然:提倡高环保标准,相信自然的力量,希望人与自然和谐相处,原意为自然牺牲自我							
简约:追求简约化、极简主义者,低调,反对奢侈浪费,追求持久性							
明智购物:系统寻找价廉物美的东西,精明,对价格敏感,对品牌价格持怀疑态度							
全面成本:单纯由成本衡量,对金钱极端保守,反抗物欲横流的社会							
激情:渴望爱与被爱,希望引人注目,喜爱表现,拥有深刻复杂的情感,自我陶醉,性冲动							
经典:渴求永久魅力和风格,崇尚美丽,追求高雅情调,保守的快乐论者,精英思维							
安逸:追求平静和放松,期望和谐,逃避压力和紧张生活,温和地逃避现实							
高尚:高道德标准,反对剥削,希望团结,积极参加社会公益活动,愿为人类利益牺牲自我							
质量:追求可衡量质量表现,追求可靠性、有效性、耐用性,爱好秩序和清洁							

传统/惯例:相信成功经验,追求最大安全性、可靠性、权威性,重视科学证据、传统,循规蹈矩,怀念过去						
活力:最求身心健康,有活力,健康第一,重视健康的生活方式,主动,活跃,独立,活泼						
归属感:寻求归属感、温暖和友谊,希望被团队接受,团队精神,希望与家人和朋友共度美好时光						
服务:寻求有效可行的建议,喜欢简单明了的信息,希望得到尊重,渴望得到温暖的人际关系						
创新/科技:喜欢使用最新科技,重视科学革新,人际交往"电子化"和"虚拟化"						
个人效率:追求高效,最佳业绩和高速度,强调个人时间管理						
刺激/乐趣:寻求刺激和冒险,叛逆性地突破常规,寻求挑战自我,挑战极限,证明自我						
自由自在:轻松、随和、乐观、向上,不喜欢约束,喜欢多样化的娱乐,无忧无虑						
新潮/酷:标新立异,打破常规,寻求变化和刺激,前卫,精英思想,追求与众不同						
个性化:追求最大的个性化,喜欢可控制的、独特的东西,重视灵活性和多样性						

请填写您的个人情况,或勾选符合您的情况:

您的性别:□ 男　　□ 女　　　　　　您的年龄:

您的专业:　　　　　　　　　　　　您的学历:

您的毕业时间:　　　　　　　　　　您的职业:

填表地点(省、市):　　　　　　　　填表时间:

衷心感谢您的支持!

附录6 "七彩成长"儿童家具目标用户"触点"形象特征词语筛选调查问卷

您好！我们正在进行目标用户形象特征调查，希望能够得到您的协助，谢谢！

"七彩成长"产品族:满足2～16岁少年儿童的使用要求,充分体现家具随儿童生理与心理同步成长的特点,成套家具售价(床屏、床栏、床架、床头柜、书架、书台、双门板、衣柜身、小椅子)8 000～10 000 元

请根据用户价值,选取5个您认为恰当的解释形容词填入表中:

现代 传统	悦人 恼人	科技 自然	张扬 含蓄	精密 粗糙	豪华 简陋	尖锐 圆滑
独特 普通	具象 抽象	个性 大众	斯文 狂野	流畅 艰涩	经济 奢侈	奢华 简朴
简洁 复杂	清爽 污浊	狭窄 宽敞	单项 多项	前卫 古朴	真实 虚幻	高雅 低俗
活泼 呆板	温馨 冷漠	僵硬 柔软	疯狂 理智	浅显 深奥	杰出 平凡	饱满 干瘪
实用 装饰	美观 丑陋	大方 小气	开放 封闭	广泛 集中	清晰 模糊	考究 马虎
华丽 朴素	动感 呆滞	豪放 婉约	快速 缓慢	稳定 活跃	理性 感性	轻巧 厚实
时尚 古典	国际 本土	夸张 保守	喜欢 厌恶	沉静 激情	鲜明 暗淡	正统 异端
趣味 枯燥	完整 零散	紧密 松散	持久 短暂	坚韧 柔弱	简洁 繁复	冷漠 亲切
典雅 庸俗	直率 扭捏	便宜 昂贵	密集 疏松	平和 剧烈	坚固 松软	调和 对比
刚硬 柔和	明亮 昏暗	专业 业余	高端 低端	和蔼 粗暴	简便 复杂	整体 局部
高贵 低廉	谦虚 骄傲	创新 守旧	卓越 平庸	环保 污染	和谐 混乱	安稳 动荡
庄重 随意	安全 危险	协调 突兀	神秘 平常	务实 务虚	灵活 死板	弯曲 笔直
几何 流线	纤细 粗犷	圆润 方正	宁静 躁动	果断 踌躇	灵敏 迟钝	勤劳 懒惰
豪华 朴实	轻巧 厚重	阳刚 阴柔	凝重 轻浮	奔放 内敛	纤巧 雄浑	容易 困难
方便 麻烦	舒适 难受	轻松 严肃	单纯 复杂	强壮 虚弱	温婉 尖厉	安全 危险
单调 丰富	清新 陈腐	精致 粗糙	质朴 浮华	气派 寒酸	轻薄 厚重	迂回 径直
可爱 可恶	严谨 浮躁	年轻 年老	户外 室内	有序 杂乱	傲慢 谦逊	兴奋 沉默
灵巧 笨拙	耐用 易坏	新颖 陈旧	外向 内向	残忍 仁慈	人工 机械	固定 流动
独立 融合	智能 机械	西方 东方	精明 迷糊	成功 失败	安静 吵闹	大众 小众
可靠 失效	自信 自卑	人工 天然	高效 低效	友好 敌对	原始 现代	尊重 藐视
用户核心价值	词语1	词语2	词语3	词语4	词语5	
活力						

自由自在					
质量					
归属感					
安逸					

请填写您的个人情况,或勾选符合您的情况:

您的性别:□ 男　□ 女　　　　　您的年龄:

您的专业:　　　　　　　　　　　您的学历:

您的毕业时间:　　　　　　　　　您的职业:

填表地点(省、市):　　　　　　　填表时间:

衷心感谢您的支持!

附录7 "七彩成长"目标用户"触点"形象特征词语语义初步调查问卷

您好！我们正在进行目标用户形象特征调查，希望能够得到您的协助，谢谢！

"七彩人生"品牌内涵：环保、安全、梦想与爱！

"七彩成长"系列产品：满足2~16岁少年儿童的使用要求，充分体现家具随儿童生理与心理同步成长的特点，成套家具售价（床屏、床栏、床架、床头柜、书架、书台、双门板、衣柜身、小椅子）8 000~10 000元

用户"触点"特征词语备选集：

灵巧	舒适	可靠	温馨	活泼	方便	耐用	安稳	宁静	动感
开放	坚固	安全	和谐	张扬	灵活	舒适	清新	可爱	奔放
流线	精致	独特	友好						

请从上述词语集中选取8个您认为恰当的解释形容词填入表中，并勾选您认可的词语描述程度，1为非常不显著，4为中性，7为非常显著

打动用户的"触点"词语	1	2	3	4	5	6	7

请填写您的个人情况，或勾选符合您的情况：

您的性别：□ 男　　□ 女　　　　　　　您的年龄：

您的专业：　　　　　　　　　　　　　您的学历：

您的毕业时间：　　　　　　　　　　　您的职业：

填表地点（省、市）：　　　　　　　　填表时间：

衷心感谢您的支持！

附录8　"七彩成长"目标用户"触点"形象特征词语 语义调查问卷

您好！我们正在进行目标用户形象特征调查,希望能够得到您的协助, 谢谢！

"七彩人生"品牌内涵:环保、安全、梦想与爱！

"七彩成长"系列产品:满足2～16岁少年儿童的使用要求,充分体现家具随儿童生理与心理同步成长 的特点,成套家具售价(床屏、床栏、床架、床头柜、书架、书台、双门板、衣柜身、小椅子)8 000～10 000 元

请勾选您认可的词语描述程度,1 为非常不显著,4 为中性,7 为非常显著

打动用户的"触点"词语	1	2	3	4	5	6	7
舒适							
精致							
温馨							
安全							
活泼							
可爱							
独特							
清新							

请填写您的个人情况,或勾选符合您的情况:

您的性别:□ 男　　□ 女　　　　　　　您的年龄:

您的专业:　　　　　　　　　　　　　您的学历:

您的毕业时间:　　　　　　　　　　　您的职业:

填表地点(省、市):　　　　　　　　　填表时间:

衷心感谢您的支持！

附录9 面向"七彩成长"产品族的典型事件序列
——购买椅子调查问卷

您好！我们正在进行面向产品的典型事件序列调查,希望能够得到您的协助,谢谢!

以下是"七彩成长"产品系列中购买椅子典型事件,请根据卡片内容,结合自己的理解和想象,填写各卡片的产品族(产品系列)形象特征描述词语。谢谢!

卡片号:1-1	事件序列1:远距离观察	事件1:购买		
	物理环境	成套展示产品,一定的人流		
	情景氛围	商业展示气息、活泼、嘈杂		
	用户任务	远距离地观察椅子		
	交互内容	观察椅子的整体形状与色彩		
	用户期待	椅子具有较强的视觉吸引力		
	产品族形象特征描述			

卡片号:1-2	事件序列2:接近椅子	事件1:购买		
	物理环境	成套展示产品,一定的人流		
	情景氛围	商业展示气息、活泼、嘈杂		
	用户任务	轻松地接近椅子		
	交互内容	确定椅子位置,选择合理路线行走,靠近椅子		
	用户期待	椅子具有感官吸引力,家长与幼儿易于行走,在各种情况下靠近椅子安全		
	产品族形象特征描述			

卡片号:1-3	事件序列 1:近距离观察	事件 1:购买				
	物理环境	成套展示产品,一定的人流				
	情景氛围	商业展示气息、审慎、嘈杂				
	用户任务	近距离地查看椅子				
	交互内容	察看椅子形的过渡、细部处理、装饰特征、构造特征、肌理特征、制造工艺及使用的启示特征				
	用户期待	椅子具有感官吸引力,视觉上安全可靠,制作精细、易于使用				
	产品族形象特征描述					

卡片号:1-4	事件序列 4:嗅	事件 1:购买				
	物理环境	成套展示产品,一定的人流				
	情景氛围	商业展示气息、审慎、嘈杂				
	用户任务	感知椅子散发的气味				
	交互内容	获取椅子散发的味道,判断气味产生的原因				
	用户期待	椅子没有异味,使用安全				
	产品族形象特征描述					

卡片号:1-5	事件序列 5:触摸	事件 1:购买				
	物理环境	成套展示产品,一定的人流				
	情景氛围	商业展示气息、审慎、嘈杂				
	用户任务	评估椅子的触感特性				
	交互内容	手在椅子表面移动,感知材料的平滑性、软硬度、冷暖感等质感特性				
	用户期待	与形状特征匹配,椅子具有良好的触感、制作精细				
	产品族形象特征描述					

卡片号:1-6	事件序列 6:评估稳固性	事件1:购买			
	物理环境	成套展示产品,一定的人流			
	情景氛围	商业展示气息、审慎、嘈杂			
	用户任务	评估椅子的牢固性与平衡性			
	交互内容	选择施力部位,施加力,获取反馈。重复上述步骤			
	用户期待	椅子具有感官吸引力和良好的稳固性,无异常变形、异响、移动、翻转、抖晃等现象			
	产品族形象特征描述				

卡片号:1-7	事件序列 7:试用调节功能	事件1:购买			
	物理环境	成套展示产品,一定的人流			
	情景氛围	商业展示气息、审慎、嘈杂			
	用户任务	评估调节装置的可用性			
	交互内容	寻找调节点,解除固定装置、移动被调节零部件、定位被调节零部件、固定被调节零部件。更详细信息可参见卡片 5-1 至卡片 5-8 的交互内容部分			
	用户期待	调节参数合理、操作启示明显,操作便捷,调节装置可靠、安全,与整体形态协调,具有良好的感官愉悦性			
	产品族形象特征描述				

卡片号:1-8	事件序列8: 试用安全装置	事件1:购买
	物理环境	成套展示产品,一定的人流
	情景氛围	商业展示气息、审慎、嘈杂
	用户任务	评估安全装置的可用性
	交互内容	寻找安全装置、启动安全装置、检查安全装置可靠性;寻找安全解除装置、启动安全解除装置、解除活动限制
	用户期待	安全装置与其余部分融为一体,具有良好的感官愉悦性。启示明确,操作自然,装置安全可靠,幼儿不可触及。启动后,保证幼儿正常坐姿和轻微运动的安全性
	产品族形象特征描述				

卡片号:1-9	事件序列9:幼儿试用	事件1:购买
	物理环境	成套展示产品,一定的人流
	情景氛围	商业展示气息、审慎、嘈杂
	用户任务	评估幼儿使用效果
	交互内容	选择方位,抱起幼儿,放入椅子中,启动安全装置,幼儿根据指导做各种动作,解除安全装置,抱起幼儿,转身离开椅子,放下幼儿。更详细信息可参见卡片 5-1～卡片 5-11 的交互内容部分
	用户期待	椅子具有感官吸引力,安全装置操作方便、可靠,幼儿活动受限制范围小,椅子稳固性好,幼儿与成人的行为自然、感觉舒适
	产品族形象特征描述				

卡片号:1-10	事件序列 10：离开椅子	事件 1:购买			
	物理环境	成套展示产品,一定的人流			
	情景氛围	商业展示气息、活泼、嘈杂			
	用户任务	轻松地离开椅子			
	交互内容	由站立点调整身体方位,远离椅子			
	用户期待	多种移动方式自然地离开,意外情况下不受伤害			
	产品族形象特征描述				

附录 10　"七彩成长"儿童家具典型事件特征词语语义调查问卷

您好！我们正在进行目标用户形象特征调查,希望能够得到您的协助,谢谢!

"七彩人生"品牌内涵:环保、安全、梦想与爱!

"七彩成长"系列产品:满足 2～16 岁少年儿童的使用要求,充分体现家具随儿童生理与心理同步成长的特点,成套家具售价(床屏、床栏、床架、床头柜、书架、书台、双门板、衣柜身、小椅子)8 000～10 000 元

请勾选您认可的产品形象特征描述程度,1 为非常不显著,4 为中性,7 为非常显著

产品形象特征	1	2	3	4	5	6	7
便捷							
舒适							
安全							
活泼							
稳固							
自然							

请勾选您认可的"便捷"词语描述程度,1 为非常不合适,4 为中性,7 为非常合适

便捷	1	2	3	4	5	6	7
简单							
快速							
容易							
明确							

请勾选您认可的"舒适"词语描述程度,1 为非常不合适,4 为中性,7 为非常合适

舒适	1	2	3	4	5	6	7
安逸							
轻松							
协调							
柔和							

请勾选您认可的"安全"词语描述程度,1为非常不合适,4为中性,7为非常合适

安全	1	2	3	4	5	6	7
内敛							
诚实							
可靠							
专业							

请勾选您认可的"灵活"词语描述程度,1为非常不合适,4为中性,7为非常合适

灵活	1	2	3	4	5	6	7
活泼							
随和							
矫健							
张扬							

请勾选您认可的"稳固"词语描述程度,1为非常不合适,4为中性,7为非常合适

稳固	1	2	3	4	5	6	7
牢固							
稳重							
平衡							
安静							

请勾选您认可的"自然"词语描述程度,1为非常不合适,4为中性,7为非常合适

自然	1	2	3	4	5	6	7
天然							
清新							
自在							
大方							

请填写您的个人情况,或勾选符合您的情况:

您的性别:□ 男　　□ 女　　　　　　您的年龄:

您的专业:　　　　　　　　　　　　您的学历:

您的毕业时间:　　　　　　　　　　您的职业:

填表地点(省、市):　　　　　　　　填表时间:

衷心感谢您的支持!

附录 11　面向用户体验的"七彩成长"典型事件映射卡片
——幼儿与他人游戏

事件 5:幼儿与他人游戏(不起作用的行为与交互名称没有列出)

卡片号:5-1	事件序列 1:接近椅子	事件 5:幼儿与他人游戏
产品族形象个性:0.69/便捷+0.82/舒适+0.83/安全+0.83/灵活+0.71/自然		

	物理环境	居家环境,餐厅、客厅或卧室
	情景境氛围	轻松、活泼、温馨
	用户任务	轻松地接近椅子
	用户期待	椅子具有感官吸引力,在各种情况下靠近椅子安全

行为与交互		产品族形象特征平台的特征构成要素			
名称	内容	技术特征	启示特征	美学特征	象征特征
用户物理交互	确定椅子位置,选择合理路线行走,靠近椅子				
用户情感交互	轻松、自如				

卡片号:5-2	事件序列 2:确定方位	事件 5:幼儿与他人游戏
产品族形象个性:0.69/便捷+0.82/舒适+0.83/安全+0.83/灵活+0.71/自然		

	物理环境	居家环境,餐厅、客厅或卧室
	情景境氛围	自然、温馨
	用户任务	选择进入椅子的方位
	用户期待	椅子具有感官吸引力,启示信号自然、明确

行为与交互		产品族形象特征平台的特征构成要素			
名称	内容	技术特征	启示特征	美学特征	象征特征
用户物理交互	查看产品形态,启示进入方位				
用户情感交互	自然、随意				

卡片号:5-3	事件序列 3:抱起幼儿	事件 5:幼儿与他人游戏

产品族形象个性:0.69/便捷+0.82/舒适+0.83/安全+0.83/灵活+0.71/自然

	物理环境	居家环境,餐厅、客厅或卧室
	情景境氛围	温馨、水乳交融
	用户任务	以合理地姿态抱起幼儿
	用户期待	不影响幼儿行为序列、省力、自然、舒适

行为与交互		产品族形象特征平台的特征构成要素			
名称	内容	技术特征	启示特征	美学特征	象征特征
用户物理交互	选择方位,确定用力点,施加力、抱起幼儿				
用户情感交互	自然、轻柔				

卡片号:5-4	事件序列 4:放入椅子	事件 5:幼儿与他人游戏

产品族形象个性:0.69/便捷+0.82/舒适+0.83/安全+0.83/灵活+0.71/自然

	物理环境	居家环境,餐厅、客厅或卧室
	情景境氛围	活泼、温馨
	用户任务	舒适、安全地将幼儿放置于座位之上
	用户期待	动作连贯、自然,感觉舒适,不拖碰幼儿,安全、可靠

行为与交互		产品族形象特征平台的特征要素			
名称	内容	技术特征	启示特征	美学特征	象征特征
用户物理交互	移动幼儿至空中适当位置,幼儿身体下降轻触椅面,幼儿坐实于椅面				
用户情感交互	轻松移动,谨慎下降、轻柔放置				
产品响应	无				

卡片号:5-5	事件序列 5:启动安全装置	事件 5:幼儿与他人游戏

产品族形象个性:0.69/便捷+0.82/舒适+0.83/安全+0.83/灵活+0.71/自然

	物理环境	居家环境,餐厅、客厅或卧室
	情景境氛围	谨慎、自然
	用户任务	将幼儿安全地限制于座位之上
	用户期待	安全装置与其余部分融为一体,具有良好的感官愉悦性。启示明确,操作自然、安全可靠

行为与交互		产品族形象特征平台的特征构成要素			
名称	内容	技术特征	启示特征	美学特征	象征特征
用户物理交互	寻找安全装置,启动安全装置。				
用户情感交互	谨慎、自然				
产品响应	安全装置安装到位反馈				
用户物理反馈	检查安全装置可靠性				
用户情感反馈	谨慎、认真				

卡片号:5-6	事件序列 6:幼儿正面坐	事件 5:幼儿与他人游戏

产品族形象个性:0.69/便捷+0.82/舒适+0.83/安全+0.83/灵活+0.71/自然

	物理环境	居家环境,餐厅、客厅或卧室
	情景境氛围	谨慎、自然
	用户任务	将幼儿安全地限制于座位之上
	用户期待	安全装置与其余部分融为一体,具有良好的感官愉悦性。启示明确,操作自然、安全可靠

行为与交互		产品族形象特征平台的特征构成要素			
名称	内容	技术特征	启示特征	美学特征	象征特征
用户物理交互	儿童受到安全装置限制,正面坐于椅面上,身体轻微移动,上下肢活动				
用户情感交互	随意、自然、热烈				
产品响应	无				

卡片号:5-7	事件序列7:幼儿侧坐	事件5:幼儿与他人游戏

产品族形象个性:0.69/便捷＋0.82/舒适＋0.83/安全＋0.83/灵活＋0.71/自然

	物理环境	居家环境,餐厅、客厅或卧室
	情景境氛围	热烈、活跃、忘我
	用户任务	幼儿侧向与他人互动
	用户期待	运动自如、椅子稳固、安全装置不影响幼儿形象

行为与交互		产品族形象特征平台的特征构成要素			
名称	内容	技术特征	启示特征	美学特征	象征特征
用户物理交互	侧向坐,躯干摇摆,四肢运动,上肢与他人动态接触				
用户情感交互	随意、自然、热烈				
产品响应	无				

卡片号:5-8	事件序列8:幼儿半站立	事件5:幼儿与他人游戏

产品族形象个性:0.69/便捷＋0.82/舒适＋0.83/安全＋0.83/灵活＋0.71/自然

	物理环境	居家环境,餐厅、客厅或卧室
	情景境氛围	热烈、活跃、忘我
	用户任务	幼儿半站立与他人互动
	用户期待	运动自如,椅子稳固、安全装置不影响幼儿形象

行为与交互		产品族形象特征平台的特征构成要素			
名称	内容	技术特征	启示特征	美学特征	象征特征
用户物理交互	选择施力点,施加力,瞬间半站立,躯干轻微摇摆、上肢与他人动态接触				
用户情感交互	随意、自然、热烈				
产品响应	无				

卡片号:5-9	事件序列9:解除安全装置	事件5:幼儿与他人游戏

产品族形象个性:0.69/便捷＋0.82/舒适＋0.83/安全＋0.83/灵活＋0.71/自然

	物理环境	居家环境,餐厅、客厅或卧室
	情景境氛围	轻松、自然
	用户任务	取消幼儿活动限制
	用户期待	安全解除装置与其余部分融为一体,具有良好的感官愉悦性。启示明确、操作自然、幼儿不可触及。启动后,保证幼儿正常坐姿和轻微运动的安全性

行为与交互		产品族形象特征平台的特征构成要素			
名称	内容	技术特征	启示特征	美学特征	象征特征
用户物理交互	寻找安全解除装置,启动安全解除装置				
用户情感交互	自然、谨慎				
产品响应	安全装置解除反馈				
用户物理反馈	维持幼儿于安全状态	\	\	\	\
用户情感反馈	自然	\	\	\	\

卡片号:5-10	事件序列10:抱起幼儿	事件5:幼儿与他人游戏

产品族形象个性:0.69/便捷＋0.82/舒适＋0.83/安全＋0.83/灵活＋0.71/自然

	物理环境	居家环境,餐厅、客厅或卧室
	情景境氛围	活泼、温馨
	用户任务	自然、安全地将幼儿从座位抱出
	用户期待	动作自然、连贯,感觉舒适、省力,不拖碰幼儿

行为与交互		产品族形象特征平台的特征构成要素			
名称	内容	技术特征	启示特征	美学特征	象征特征
用户物理交互	选择方位,接近椅子,确定着力点,抱起幼儿,抬升至一定高度				
用户情感交互	自然、谨慎				
产品响应	无				

卡片号:5-11	事件序列 11：转身脱离椅子	事件 5:幼儿与他人游戏

产品族形象个性:0.69/便捷＋0.82/舒适＋0.83/安全＋0.83/灵活＋0.71/自然

	物理环境	居家环境,餐厅、客厅或卧室
	情景境氛围	温馨、水乳交融
	用户任务	抱着幼儿转身离开椅子
	用户期待	转身角度小,高度低,不与椅子发生碰撞

行为与交互		产品族形象特征平台的特征构成要素			
名称	内容	技术特征	启示特征	美学特征	象征特征
用户物理交互	抱着幼儿转身,脱离椅子				
用户情感交互	自然、随意				
产品响应	无				

参 考 文 献

[1] 赵放.体验经济的本质及其成长性分析[J].社会科学战线,2010(3):
24-27.

[2] B.约瑟夫.派恩二世,詹姆斯 H·吉尔摩.体验经济(修订版)[M].夏
业良,鲁炜,译.北京:机械工业出社,2008.

[3] 但斌,等.大规模定制[M].北京:科学技术出社,2004.

[4] 陈铭,吕建华,吴智慧.我国家具业制造模式的现状及研究进展[J].林
产工业,2009,36(11):21-24.

[5] ARDITO C,BUONO P,DESOLDA G,et al. From smart objects to
smart experiences:an end-user development approach [J] Int. J.
Human-Computer Studies,2018,114:51-68.

[6] 万书元.论审美体验[J].江苏社会科学,2006(4):15-19.

[7] 王苏君.走向审美体验[D].杭州:浙江大学,2003.

[8] 李仪凡.互联网用户体验结构模型[D].上海:复旦大学,2009.

[9] 刘建新,孙明贵.顾客体验的形成机理与体验营销[J].财经论丛,2006
(5):95-101.

[10] 张恩碧.体验及消费体验的本质属性分析[J].消费经济,2007(6):
61-64.

[11] KIM J. Design for experience [M].Switerland:springer internation-
al publishiing,2015.

[12] Josko B. A theory of consumer experience[D]. New York:Colum-
bia University Doctor Thesis,2001.

[13] 晏国祥.消费体验理论评述[J].财贸研究,2006(6):101-109.

[14] 温韬.顾客体验理论的进展、比较及展望[J].四川大学学报(哲学社会
科学版),2007(2):133-139.

[15] 李艳娥.顾客体验对轿车品牌资产的影响[D].广州:暨南大学,2009.

[16] 雷宏振,李丹.体验深度对"企业—顾客"知识转移效果影响的实证研

究[J].科学学与科学技术管理,2010(4):142-148.

[17] 方征. 顾客体验价值理论研究综述[J]. 统计与决策,2007(7): 135-137.

[18] MINGE M, THURING M. Hedonic and pragmatic halo effects at early stages of user experience [J]. International Journal of Human-Computer Studies,2018(109): 13-25.

[19] FENKO A, Hendrik N J S, HEKKERT P. Which senses dominate at different stages of product experience? [C]. Proceedings of DRS2008, Design Research Society Biennial Conference, Sheffield, UK,July 2008.

[20] CLARK K A, SMITH R A, YAMAZAKI K. Experience design that drives consideration [J]. Design Management Review,2006,Winter: 47-54.

[21] LIU YANXIA,ZHAGN KUN. 基于用户的产品快乐性研究[C]// Proceedings of 2007 International Conference on Industrial Design & the 12th China Industrial Design Annual Meeting, Beijing, November, 2007.

[22] DAMAI S S. Embracing diversity in user needs for affective design [J]. Applied Ergonomics,2006(37):409-418.

[23] 章利国. 现代设计社会学[M]. 长沙:湖南科学技术出版社,2005.

[24] LAROS F J M, STEENKAMP E M. Emotions in consumer behavior: a hierarchical approach[J].Journal of Business Research,2005, Vol58: 1437-1445.

[25] DESMET P M. Nine sources of product emotion[C] // "IASDR 2007", Hong Kong, 2007.

[26] NORMAN D A.情感化设计[M]. 付秋芳,程进三,译. 北京:电子工业出版社,2003.

[27] DEMIR E,DESMET P M A. The roles of products in product emotions[C]. Proceedings of DRS2008, Design Research Society Biennial Conference,Sheffield,UK. , 2008.

[28] COCKBURN A, QUINN P, GUTWIN C. The effects of interaction sequencing on user experience and preference [J]. International

Journal of Human-Computer Studes,2017,108：89-104.

[29] 韩煜东,任瑞丽,张子健.用户体验导向的产品设计对消费者行为的影响机制研究[J].消费经济,2016,32(1):68-72.

[30] POSTREL V. Why buy what you don't need? [J]. Innovation,2004, Spring:31-36.

[31] CREUSEN M E H, SCHOORMANS J P L. The different roles of product appearance in consumer choice[J]. International Journal of Product Innovation Management,2005,22:63-81.

[32] HSIAO K A, CHEN L L. Fundamental dimensions of affective responses to product shapes[J]. International Journal of Industrial Ergonomics,2006(36)：553-564.

[33] CHANG W C, Wu T Y. Exploring types and characteristics of product forms[J]. International Journal of Design,2007(1):3-13.

[34] DESMET P, HEKKERT P, HILLEN M. Values and emotions[C] // "5th European Academy of Design Conference",Barcelona,April, 2003.

[35] CHUANGA M C, MA Y C. Expressing the expected product images in product design of micro-electronic products [J]. International Journal of Industrial Ergonomics, 2001(27):233-245.

[36] Creation of Embodied Movement[C]// Proceedings of DeSForM 2005, Design and semantics of form and movement Conference, Sheffield, UK, November, 2005:97-102.

[37] DESMET P M, NICOLA J C, SCHOORMANS J P. Product personality in physical interaction [J]. Design Studies, 2008 (29): 458-477.

[38] LENZ E, HASSWNZAHL M, DIEFENBACH S. Aesthetic interaction as fit between interaction attributes and experiential qualities [J]. New Ideas in Psychology,2017,47:80-90.

[39] PARK S, NAM T J. Product-personification method for generating interaction ideas [J]. Int J Interact Des Manuf,2015(9)：97-105.

[40] KLOOSTER S, OVERBEEKE K. Designing products as an integral part of choreograph of interaction：the product's form as an integral

part of movement[C]// Proceedings of DeSForM 2005, Design and semantics of form and movement Conference, Sheffield, UK, November, 2005:23-35.

[41] YOUNG R, PEZZUTI D, PILL S, SHARP R. The Language of motion in industrial design[C]//Proceedings of DeSForM 2005, Design and semantics of form and movement Conference, Sheffield, UK, July 2005: 6-12.

[42] ASTHON P. Meaningful interaction of users with product shapes [C]// Conference Papers of 5th Design & Emotions 2006, Gothenburg, Sweden, 2006.

[43] IONASCU A. Emotional interactions: a performative mdel of testing utilitarian ceramics [C]// "Conference Papers-5th Design & Emotions", Sweden, Gothenburg, 2006.

[44] KALVIAINEN M. Action, movement and bodily relationships in products[C]//Proceedings of DeSForM 2005, Design and semantics of form and movement Conference, Sheffield, UK, July 2005: 84-89.

[45] LIN M H, CHENG S H. The triggered association from motion [C]// Design and semantics of form and movement Conference, Taibei, China, October, 2009.

[46] BHOMER M, AALST K, BARAKOVA E, ROSS P. Product adaptivity through movement analysis: the case of the intelligent walk-in closet[C]// Proceedings of Design and semantics of form and movement Conference, Taibei, China, October, 2009:114-120.

[47] TUNGH F W, CHOU Y P. Designing for persuasion in everyday activities[C]// Proceedings of Design and semantics of form and movement Conference, Taibei, China, October, 2009:105-121.

[48] ROMPAY T, HEKKERT P, MULLER W. The bodily basis of product experience[J]. Design Studies, 2005, 26:359-377.

[49] NAGASAWA S. Influencing on human kansei to management of technology[J]. The TQM Journal, 2008, 20(4):312-323.

[50] WAREL A. Multi-modal visual experience of brand-specific automo-

bile design[J]. The TQM Journal，2008，20(4)：356-371.

[51] DESMET P，HEKKERT P. Framework of product experience[J]. International Journal of Design，2007，1(1)：57-66.

[52] GARRETT J J. Customer loyalty and the elements of user experience[J]. Design Management Review，2006，Winter：35-39.

[53] 李晓英,周晓琳.基于用户体验的健康触控一体机交互设计研究[J]. 机械设计,2017,34(5):106-107.

[54] TONETTO L M，DESMET P M. Why we love or hate our cars：a qualitative approach to the development of a quantitative user experience survey [J]. Applied Ergonomics,2016(11)：68-74.

[55] 夏敏燕. 体验设计与故事主题[J].江南大学学报（人文社会科学版） 2004,13(6):116-117.

[56] COOPER R ，EVANS M. Breaking from tradition：market research，consumer needs and design futures[J]. Design Management Review,2006,Winter:68-74.

[57] PETIOT J，YANNOU B. Measuring consumer perceptions for a better comprehension ，specification and assessment of product semantics[J]. International Journal of Industrial Ergonomics，2004，33：507-525.

[58] SCHUTTE S. Engineering emotional values in product design[D]. Linköping，Sweden：The Doctor Thesis of Linköpings Universitet，2005.

[59] PERUZZINI M. Benchmarking of tools for user experience analysis in industry 4.0 [J]. Procedia Manufacturing,2017,11:806-813.

[60] NORTON D W. Toward meaningful brand experiences[J]. Design Management Journal，2003，14(1)：19-25.

[61] BRAKUS J J，SCHIMITT B H. Brand experience：what is it? How is it measured? Does it affect loyalty? [J]. Journal of Marketing，2009,73(5):52-68.

[62] NORTON D W. Will meaningful brand experiences disrupt your market? [J]. Design Management Review,2005，Fall:18-24.

[63] STOMPFF G. Embedded brand：the soul of product development [J]. Design Management Review,2008，Spring:38-46.

[64] 江蕊,何人可,谭浩.基于消费者体验的产品品牌领导力建设研究[J].包装工程,2006,27(1):190-1923.

[65] COSTA F, OLIVA S, RIZZO F. Products' usability and brand preferences: the iPod case study[C]//Proceedings of DRS2008, Design Research Society Biennial Conference, Sheffield, UK, July 2008.

[66] WEISNEWSKI M. How tangible is your brand? [J]. Design Management Review,2008,Spring:53-57.

[67] LERMAN S. Finding the heart of your brand[J]. Design Management Review,2006,Fall:65-79.

[68] ROBERTS H. Using design to drive loyalty[J]. Design Management Review, 2006, Winter: 40-46.

[69] ALEXIS J. Using design to create fiercely loyal customers[J]. Rotman Magazine,2006, Fall:18-22.

[70] 张凌浩.基于品牌体验的设计思考[J].包装工程,2006,27(3):181-183.

[71] [美]迈克.莫泽.品牌路线图[M].于洪彦,赵春晓,译.北京:商务印书馆,2005.

[72] BIRDSALL C, JOHNSTON N. Achieving brand-driven business success[J]. Design Management Review,2008,Spring:67-74.

[73] SIMPSON T W, MAIER J R, FARROKN M. Product platform design: method and application [J]. Res Eng Design,2001,13: 2-22.

[74] SIMPSON T, JIAO J, SIDDIQUE Z. Advances in product family and product platform design: methods & applications[R]. Springer, New York,2014

[75] ALIZON F, SHOOTER S B, SIMPSON T W, BUCKNELL. Improving an existing product family based on commonality/diversity, modularity and cost[J]. Design Studies, 2007,28(4): 387-409.

[76] 陈建.面向大规模定制的产品族关键技术研究[D].济南:山东大学,2007.

[77] SANDERSON S W, UZUMERI M. A framework for model and product family competition[J]. Research Policy,1995,24: 583-607.

[78] ULRICH K，EPPINGER S. Product design and development ［M］. New York：McGraw-Hill，2012.

[79] JIAO R，SIMPSOM T W. Product family design and platform-based product development：a state-of-the-art review［J］. Journal of Intelligent Manufacturing，2007，18：5-29.

[80] ZHANG Kun. A method for evaluating combination of product family development on fuzzy probability theory ［C］// Proceedings of Industrial Engineering and Engineering，Beijing，August，2006.

[81] HALMAN J I，HOFER A P，VUREN W. Platform-driven development ofproduct families：linking theory with practice ［J］. The Journal of Product Innovation Management，2003，20：149-162.

[82] ZAMIROWSKJ E J，OTTO K N. Identifying product portfolio architecture modularity using function and variety heuristics［C］// ASME Design Engineering Technical Conferences，DETC99/DTM-876，Las Vegas，NV，1999.

[83] PAKKANEN J，JUUTIT，LEHTONEN T. Brownfield process：a method for modular product family development aiming for product Configuration ［J］. Design Studies，2016，45(1)：210-240.

[84] 张闻雷，范玉顺，尹朝万. 产品族谱系的配置方法研究[J].计算机集成制造系统，2006，12(11)：1741-1745.

[85] 杨勤，肖钦兰，彭敏.产品族的模块化设计方法研究与应用[J].机械设计与研究，2014，30(1)：5-7.

[86] 史康云，江屏，闫会强，檀润华. 基于柔性平台的产品族开发[J].计算机集成制造系统，2009，15(10)：1880-1888.

[87] ZHANG KUN. A fuzzy assessing approach to improve the new product design within a product family ［C］// Proceedings of the 6th International Conference on Computer-Aided Industrial Design &Conceptual Design，Hangzhou，May，2005.

[88] 杜纲，等.产品族模块化设计与平台配置的主从关联优化[J].计算机集成制造系统，2018，24(2)：456-463.

[89] 侯文彬，等.模块化产品族的共享模块筛选方法[J].湖南大学学报（自然科学版），2017，44(2)：66-74.

［90］陈智伟,周红宇,等.堆高设备的产品族设计评价方法研究［J］.机械设计,2015,32(8):122-125.

［91］张昆,王菊,宁芳.面向体验的产品族形象研究［J］.包装工程,2009,30(9):149-151.

［92］秦启文,周永康.形象学导论［M］.北京:社会科学文献出版社,2004.

［93］GANGSTARD L. Communicating brand identity through products［Z/OL］. www. ivt. ntnu. no/ ipd/fag/PD9 .

［94］张春河.产品形象形成与线索理论的研究［M］.北京:中国时代经济出版社,2007.

［95］张凌浩.产品形象的视觉设计［M］.南京:东南大学出版社,2005.

［96］刘刚.产品形象的定义和构成［J］.美术与设计,2005(1):135-137.

［97］王兴元.产品形象要素构成、评价及其要素研究［J］.商业研究,2000(8):52-55.

［98］穆荣兵.产品形象设计及评价系统研究［J］.桂林电子工业学院学报,2000,20(2):82-86.

［99］WU CHUN-TING, JOHNSTON M. The development of a visual reference database for product designers' use［C］// "Conference Papers-4th Design & Emotions", Ankara, Turkey, 2004.

［100］JANLERT L E. The character of things［J］. Design Studies,1997, Vol18:297-314.

［101］EDWIN,CHEE S L. Designing product character: strategy to evaluate product preference and map design direction［C］//2006 Design Research Society. Interational Conference in Lisbon, 2006.

［102］杨颖,雷田,潘云鹤,产品识别———一种以用户为中心的设计方法［J］.中国机械工程,2006,17(11):1105-1109.

［103］GAUTVIK K H . Corporate voice in relation to product identity and strategy［Z/OL］. www. ivt. ntnu. no/ipd/fag/PD9/ .

［104］徐江华,张敏.体现企业形象的产品形象设计研究［J］.包装工程,2007,28(4):116-117.

［105］周睿,方方.企业文化在产品形象系统中的战略性构建［J］.郑州轻工业学院学报社会科学版,2005(6):65-68.

［106］沈法,谢质彬,郑堤,霍发仁.基于企业品牌形象的产品形象构建方法

研究[J].包装工程,2007,28(5):88-90.

[107] 张昆.产品的信息传递与认知模型[C]// 2001年国际工业设计研讨会论文集,北京,2001.

[108] 唐帮备,郭钢,夏进军.汽车内饰材料气味的用户嗅觉体验测评及装置[J].中国机械工程,2017,28(2):206-214.

[109] 文小辉,等.多感官线索整合的理论模型[J].心理科学进展,2009,17(4):659-666.

[110] TEUBNER D. Form generation through styling cue synthesis [C]// Proceedings of DeSForM 2008, Design and semantics of form and movement Conference, Hochschule für Gestaltung Offenbach am Main, Germany, November 2008.

[111] 吴智慧.室内与家具设计[M].北京:中国林业出版社,2005.

[112] CRILLY N, MOULTRIE J, CLARKSON P J. Seeing things: consumer response to the visual domain in product design[J]. Design Studies,2005,24:547 - 577.

[113] BAKKEN N. The intended experience[Z/OL]. www. ivt. ntnu. no/ ipd/fag/PD9/.

[114] DONG Y F, LIU W R. A research of multisensory user experience indicators in product usage scenarios under cognitive perspective [J]. Int J Interact Des Manuf,2017,11: 751 - 759.

[115] SCHIFFERSTEIN H N, CLEIREN M P. Capturing product experiences: a split-modality approach[J]. Acta Psychologica, 2005, 118:293-318.

[116] DESMET R E. The field of design and emotion: concepts, arguments, tools, and current issues[J]. METU JFA, 2008, 25(1): 135-152.

[117] NORMAN D A. 未来产品的设计[M].刘松涛,译. 北京:电子工业出版社,2009.

[118] LUNDHOLM C G. The use of metaphors in product design[Z/OL]. www. ivt. ntnu. no/ipd /fag/PD9/.

[119] 韩挺,佐藤敬一.基于设计信息框架的用户体验和行为[J].西北大学学报(自然科学版),2012,42(3):389-393.

[120] TORSVIK H. How branding influences product design[Z/OL]. http://www. ivt. ntnu. no/ipd/fag/PD9/2005/artikler.

[121] WARELL A. Visual product identity: understanding identity perceptions conveyed by visual product design[C]// "Conference Papers-5th Design & Emotions", Sweden, Gothenburg, 2006.

[122] 刘羽. 产品形象识别研究与实践[J]. 装饰,2014(3):106-107.

[123] BOZTEPE S. Product adaptation: a user-value-based approach[D]. Chicago,Illinois: Doctor Thesis in the Graduate College of the Illinois Institute of Technology, December 2004.

[124] 王朝侠,梁浩,唐琳. 形象设计——现代产品设计之关键[J]. 天津科技大学学报,2004,19(2):76-78.

[125] SAWHNEY R K. The psycho-sesthetics © martin [Z/OL]. http://psychoaesthetics. com /PsychoAesthetics_Martini. pdf.

[126] KIM C K. The effect of brand personality and brand identification on brand lyalty: applying the theory of social identification[J]. Japanese Psychological Research,2001, Vol. 43 (4):195-206.

[127] TOLINO U. Brand design or design brand ? The role of strategic design in the corporate identity[Z/OL]. "06 Design Research Society International Conference", Lisbon, November 2006.

[128] 阿久津聪,石田茂. 文脉品牌[M]. 韩中和,译. 上海:上海人民出版社,2005.

[129] KARJALAINEN T M. Strategic design language -transforming brand identity into product design elements[Z/OL]. http://decode. hut. fi/articles/tkarjalainenEIASM2. pdf

[130] KARJALAINEN T M. Semantic knowledge in the creation of brand-specific product design[Z/OL]. http://www. ub. es/5ead/PDF/14/Karjalainen. pdf.

[131] GOBE M. Let's brandjam to humanize our brands[J]. Design Management Review, 2007, Winter:68-73.

[132] KARJALAINEN T M. Metaphor as a means to distilling brand and product identity[J]. Design Management Journal,2001,Vol12(1):66-74.

[133] KARJALAINEN T M. It looks like a Toyota：educational approa-ches to designing for visual brand recognition[J]. International Journal of Design,2007,Vol 1(1)：67-81.

[134] KARJALAINEN T M. Strategic brand identity and symbolic de-sign cues[Z/OL]. http：// www. machina. hut. fi/kurssit/41/4001/Exercices/A2. pdf.

[135] ABBOTT M. Measuring the brand category through semantic dif-ferentiation[J]. Journal of Product & Brand Management,2008, Vol. 17(4)：223-234.

[136] KIM，LIM E，CHANG-YOUNG. Corporate identity through product design applied with brand management system[C/OL]. / www. idemployee. id. tue. nl/g. w. m. rauterberg/conferences/ CD_doNotOpen/ADC/final_paper/339. pdf.

[137] 潘荣,徐熠莹,黄薇. 产品视觉形象塑造品牌形象[J]. 包装工程, 2007,28(6)：113-115.

[138] AGARAAL M, CAGAN J. Shape grammars and their languages- a methodology for product design and product representation[C]// Proceedings of DETC'97,1997 ASME Design Engineering Techni-cal Conferences, California, September：14-17, 1997.

[139] COTMACK J P. Implementing parametric shape grammars to capture and explore product languages[D]. Chicago：The Doctor Thesis of Carinegie Mellon University, 2003.

[140] KARJALAINEN T M. On semantic transformation[Z/OL]. http：// decode. tkk. fi/ tonimatti/ papers/ commonground_public. pdf.

[141] 李洁心,高朋飞. 高速列车座椅形象设计 DNA 分析[J]. 装饰,2016 (2)：132-133.

[142] CHEN K,CHENG C S. Managing product identity through style reappearance [Z/OL]. http：//www. idemployee. id. tue. nl/g. w. m. rauterberg/conferences/ CD_doNotOpen/ ADC/final_paper/ 109. pdf.

[143] KNIGHT J. Evoking brand values with design[J]. Design Manage-ment Review,2006, Spring：73-80.

[144] 王云霞,汤文成.面向大规模定制的产品族设计方法研究综述[J].机械设计,2004,21(1):1-3.

[145] 曹木丽,张昆,张宁,胡振明.基于个性化需求的智能养生壶交互设计研究[J].包装工程,2017,38(18):225-229.

[146] Chan K Y, KWONG C, HU B. Market segmentation and ideal point identification for new product design using fuzzy data compression and fuzzy clustering methods [J]. Appl. Soft Comput. , 2012,12(4):1371-1378.

[147] 刘文枝,杜纲.考虑顾客满意度的产品族设计[J].重庆理工大学学报（自然科学),2017,31(11):235-240.

[148] 常艳.快速响应客户需求的产品族设计方法研究[D].杭州:浙江大学,2008.

[149] 王霜,殷国富,罗中先.基于用户需求灰预测的产品原型演化方法研究[J].计算机集成制造系统,2007,13(7):1451-1455.

[150] 李柏姝,唐加福,雒兴刚.面向细分市场的产品族规划方法及应用[J].计算机集成制造系统,2009,15(6):1055-1061.

[151] 朱斌,江平宇,苏建宁.一种基于感性设计的产品平台参数的辨识方法研究[J].机械工程学报,2004,40(2):87-91.

[152] SIMPSON T W. Advances in product family and product platform design [M]. New York : Springer, 2014.

[153] 龚京忠,邱静,李国喜,等.基于功构单元的产品族规划方法[J].中国机械工程,2009,20(1):52-59.

[154] KUSIAKA A B. Data-mining-based methodology for the design of product families [J]. International Journal of Production Research, 2004, 42(15):2955-2969.

[155] 杨明顺,李言,林志航,等.质量屋中顾客需求向技术特征映射的一种方法[J].工程图学学报,2006(2):39-42.

[156] 罗仕鉴,朱上上,冯聘.面向工业设计的产品族设计 DNA[J].中国机械工程学报,2008, 44(7):123-128.

[157] 罗仕鉴,朱上上.工业设计中基于本体的产品族设计 DNA[J].计算机集成制造系统,2009,15(2):226-233.

[158] 朱上上,罗仕鉴,应放天,等.支持产品视觉识别的产品族设计 DNA

[J].浙江大学学报(工学版),2010,44(4):715-721.

[159] 罗仕鉴,翁建广,陈实,等.基于情景的产品族设计风格 DNA[J].浙江大学学报(工学版),2009,43(6):1112-1117.

[160] 罗仕鉴,朱上上,应放天,等.基于视觉—行为—情感的产品族设计基因[J].计算机集成制造系统,2009,15(12):2289-2295.

[161] 苏建宁,刘志君,王鹏.基于感性意象的产品族造型设计方法研究进展[J].机械设计,2017,34(11):112-116.

[162] 周小舟,薛澄岐,王海燕,等.产品族设计 DNA 可遗传因子提取[J].东南大学学报:自然科学版,2016,46(6):1192-1197.

[163] 罗仕鉴,李文杰,傅业焘.消费者偏好驱动的 SUV 产品族侧面外形基因设计[J].机械工程学报,2016,52(6):173-180.

[164] 骆磊,王可,陆长德.产品族形态设计研究及系统构造[J].机械科学与技术,2006,25(7):802 -805.

[165] 张悦,卢兆麟.面向用户认知的汽车产品族前脸造型设计方法[J].图学学报,2013,34(5):93-98.

[166] 那成爱,等.基于产品识别的智能安全装备产品族造型设计研究[J].机械设计,2018,35(1):107-111.

[167] 殷润元.原型体系的研究与产品族的设计方法探析[J].包装工程,2009,30(8):132-134.

[168] 爱丽丝.M·泰伯特,蒂姆·卡尔金斯.凯洛格品牌论[M].刘凤瑜,译.北京:人民邮电出版社,2006.

[169] 童时中.模块化原理、设计方法及应用[M].北京:中国标准出版社,1999.

[170] 利昂.G·希夫曼,莱斯利.L·卡纽克.消费者行为学[M].江林,译.北京:中国人民大学出版社,2007.

[171] 景进安.品牌个性[M].太原:山西经济出版社,2007.

[172] GREEN W S, JORDAN P W. Pleasure with products[M]. London:Talyor & Franics, 2002.

[173] 花景勇.设计管理——企业的产品识别设计[M].北京:北京理工大学出版社,2007.

[174] Kathleen M·Galotti.认知心理学[M].吴国宏,译.西安:陕西师范大学出版社,2005.

[175] ROZENDAAL M. Designing engaging interactions with digital products[D]. Eindhoven , Netherlands: The Doctor Thesis of Eindhoven University of Technology,2007.

[176] JOKINEN J P. Emotional user experience: traits, events, and states [J] Int. J. Human-Computer Studies,2015,76: 67-77.

[177] Zhang KUN. Researching identity lnguage of product family [C]// Proceedings of the 7th International Conference on Computer-Aided Industrial Design &Conceptual Design, Hangzhou,October, 2006.

[178] 张昆,叶敏,潘雅璇.基于产品类别的工程机械装备层级造型特征研究[J].机械设计,2017,34(8): 103-106.

[179] 张昆,余庆,董淑芳.基于产品体验的品牌特征分析[J].包装工程,2012,32(24): 54-57.

[180] 张嘉萍.产品造型特征与品牌形象之一致性研究[D].台湾:台湾大同大学,2005.

[181] 张昆,曹新闻.基于产品体验的目标用户"触点"形象特征研究[J].包装工程,2011,32(16): 66-69.

[182] 安德雷斯.鲍尔,等.瞬间的真实[M].王叔斌,等译.沈阳:万卷出版社,2008.

[183] 张昆,李远超,闫玲玲.物联网微波炉的用户体验目标研究[J].包装工程,2018,39(2):133-136.

[184] ZHANG KUN. System analysis of new product family development selection [J]. 武汉理工大学学报,2006,28(164):177-180.

[185] 张昆,吴智慧.基于产品的定制研究[J].现代制造工程,2010(9): 143-147.